JOY's KITCHEN

SHORTCAKE

唯美韓系 鮮奶油蛋糕

解構全書

Joys_kitchen
_#1.cake
JOYS_
KITCHEN
JOYS_KITCHEN_#1.CAKE

Prologue
前言

我並非從一開始就喜歡做蛋糕。

以前在餐廳工作時自然接觸到甜點，我起初還有些排斥，後來做著做著逐漸覺得有趣，然後一直持續到現在。

很多人問我是如何教烘焙課程、怎麼學會設計食譜的？每次我都回答：「好像在不知不覺間，就順著水流來到了這裡。」

有一天，一位經常帶給我正能量的人說：「對啊，只是去做而已，但是這個只是去做的過程，其實並不簡單。」這句話在我心中縈繞久久，讓我回想起自己如何走到現在這一步。

仔細思考，要成就現在的Joy's Cake，「只是去做」並不足夠。在每天的生活中，我大部分的思緒都圍繞在蛋糕上打轉。這些想法被記錄到筆記本上後，付諸實現的比例也非常高，我比想像中投入了更多的時間和精力在蛋糕上。

而我也意識到，蛋糕已經融入我的生活，而且比我預想的更多、更深。我相信所有正在實現自我的人也是如此，對於那些熱愛的事物，我們毫不吝惜投入所有，但直到認真回首詢問自己之前，可能都會一直認為，不過「只是去做」罷了。

今年是我第一次坦承面對過去的努力，這也讓我改變了對蛋糕的看法。過去這一年，在我準備第一本書時，我第一次對自己擁有的成果及未來展望給予讚美和鼓勵，這真是前所未有的新奇體驗。

這些話可能很普通，但是在做蛋糕的過程中，我從不妥協，一直努力追求的就是「味道」。將美味的蛋糕傳遞給更多的人，仍然是我的目標。

我相信每一塊美味的蛋糕都能為生活帶來片段的甜蜜（味蕾的記憶比想像中更強大！），也很希望能與各位一同享受這些甜蜜時刻。

在未來，也請繼續與我、與Joy's Kitchen的蛋糕一起度過。

趙恩伊

Contents

: BASIC LESSON 1

: BASIC LESSON 2

: JOY'S KITCHEN CAKE RECIPES

CLASS 01. 全蛋法海綿蛋糕 GÉNOISE

CLASS 03. 舒芙蕾法海綿蛋糕 SOUFFLÉ

JOYS_KITCHEN
CAKE

: BASIC LESSON 1

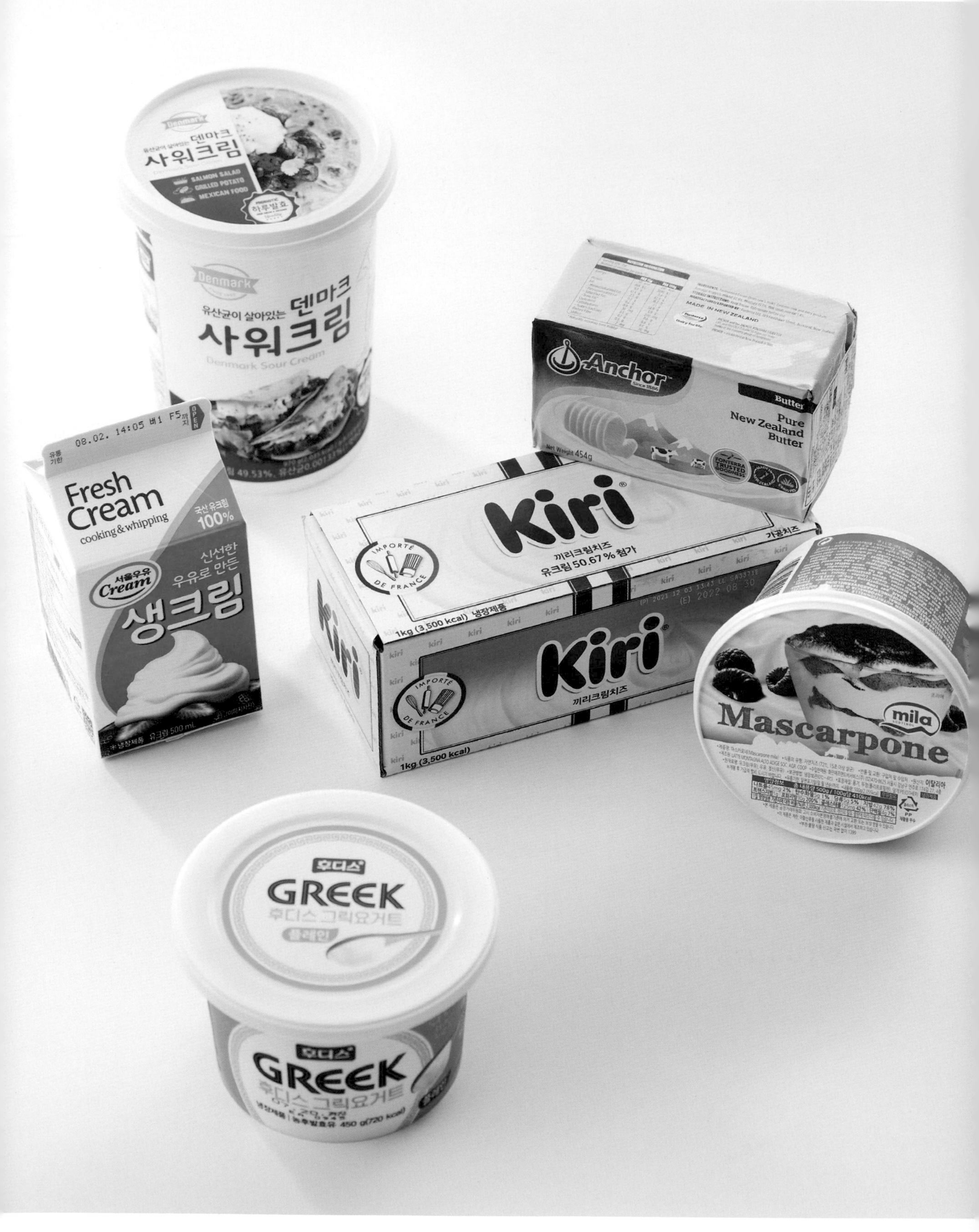

후디스
GREEK
후디스 그릭요거트
후디스
GREEK
후디스 그릭요거트
냉장제품 | 농후발효유 450 g(720 kcal)

01.

基本材料

鮮奶油

鮮奶油是將牛奶中的脂肪分離後濃縮而成，是鮮奶油蛋糕最重要的材料之一，通常會使用脂肪含量約36%～38%的鮮奶油，再額外加入糖或馬斯卡彭乳酪等增添風味。主要用於抹面和夾層，但有時也會用來讓蛋糕體變得稍微緊實而柔軟。鮮奶油對溫度較為敏銳，所以保鮮期短，必須小心保存，使用前最好先檢查狀態，在製作千層蛋糕等需長時間使用時，也建議墊在冰水盆中維持溫度。

希臘優格

希臘優格是在牛奶中加入乳酸菌發酵的產物，具有獨特的甜度和酸味，與鮮奶油一起使用，可以展現輕盈且清新的味道和風味。希臘優格有多種類型，在Joy's Kitchen中，我們多半偏好甜味低且含水量較少的種類。希臘優格比一般優格更柔軟，帶有淡淡的香氣，而且濃度適中，與鮮奶油混合後更能保持鮮奶油的形狀。

馬斯卡彭乳酪

馬斯卡彭乳酪是一種脂肪含量高、濃郁的乳酪，乳香明顯，比鮮奶油更能帶出濃厚的風味。因此在製作鮮奶油蛋糕時，常與鮮奶油混合使用。馬斯卡彭乳酪不僅風味獨特，還可以讓輕盈的鮮奶油更為穩定。使用前要先拌到滑順狀態，再加入鮮奶油中，以確保沒有結塊。由於馬斯卡彭乳酪不耐保存，建議每次使用之前先檢查狀態。在Joy's Kitchen，我們主要選擇顏色純白、味道單純的產品。

奶油乳酪

奶油乳酪是將牛奶和奶油混合，再經過熟成的軟質乳酪。奶油乳酪與馬斯卡彭乳酪一樣，與鮮奶油混合後更能突顯風味和香氣。與馬斯卡彭乳酪相比，奶油乳酪更具有濃密感。在Joy's Kitchen中使用的是甜味和水分濃度低的奶油乳酪，展現淡淡的乳香風味。

酸奶油

酸奶油是透過乳酸菌發酵的鮮奶油，具有高脂肪含量和獨特的發酵風味，濃郁中夾帶著細緻的酸度。添加了酸奶油的鮮奶油在冷藏後會變重，因此在製作蛋糕體時也必須考慮到水分比例和鮮奶油的重量，避免質地過於柔軟。

無鹽奶油

本書中的奶油都是指無鹽奶油，通常在製作蛋糕體時使用。對於需要表現某種特定風味或食譜中材料種類多時，選用味道溫和的奶油才能避免干擾，比使用濃郁的奶油更加合適。

麵粉

麵粉根據蛋白質含量分為低筋、中筋和高筋，是構成蛋糕架構的成分，也會影響質地。製作鮮奶油蛋糕時，大多使用蛋白質含量低的低筋麵粉，因為形成的麩質最少，製作出來的蛋糕口感輕盈柔軟。有時候為了質地或結構需求，也會混合或以中筋麵粉、高筋麵粉替代。麵粉使用時必須確保沒有結塊。

玉米澱粉

玉米澱粉是從玉米中提取的澱粉，呈白色且細緻的顆粒，在糊化後的結構穩定且具有彈性，時常運用在卡士達醬中。此外，做海綿蛋糕時與麵粉一起使用，也有助於做出更加輕盈柔軟的質地。

糖

糖在蛋糕中扮演非常重要的角色。不僅帶來甜味，還能賦予柔軟濕潤的質地，並影響烘焙後的色澤和保存性。在食譜中，主要使用細顆粒的白砂糖，有時會為了增添風味而改用黃糖，或者具有獨特香氣和色澤的黑糖。黑糖與白糖相比，甜度較低，水分含量較高，因此保濕效果更好，但同時也容易結塊，須先過篩或溶解再使用。

蛋

大多數海綿蛋糕，都是透過打發蛋液來包覆空氣製作，因此蛋的新鮮度很重要，也必須注意儲存和使用溫度。蛋液離開蛋殼接觸到空氣後，就會開始逐漸變化，因此一開始的蛋溫影響很大。

02.
風味材料

果泥
以天然水果冷凍加工製成的產品，儲存方便，讓水果不再有季節性的問題，整年都可以運用。本書中多用於混合鮮奶油增添風味，使用時會根據各產品的水分比例或酸度，決定是否需要煮沸。

濃縮汁
檸檬或柳橙濃縮汁與新鮮果汁相比，味道和香氣更鮮明，少少的量就能帶出明顯風味，因此與鮮奶油混合時，更容易保留鮮奶油的質地和濃度。但同時，濃縮汁的酸度也比較高，容易讓鮮奶油產生變化，在使用上需要斟酌用量，並留意溫度和鮮奶油的狀態。

堅果醬（Paste & Praliné）
將堅果或穀物與糖、油等一起研磨成細小顆粒或糊狀的產品，用於增添蛋糕和鮮奶油的風味。Paste沒有加糖，Praliné則是與糖一起加工成不同的甜度。如果想要直接將堅果醬加入鮮奶油中，也要考慮到每種原料的脂肪含量。

＊台灣的烘焙材料商多將Paste & Praliné譯為「醬」，購買時可參考外文名稱、食材列表，挑選100%堅果或含糖的產品。

巧克力

巧克力的品牌和種類眾多，各自擁有獨特的風味，製作蛋糕時可以用單一種，也可以混合使用來調整鮮奶油的質地和重量。在Joy's Kitchen的食譜中，大多是使用VALRHONA法芙娜的品牌，包含Caraïbe 66%的黑巧克力，Jivara 40%的牛奶巧克力，Dulcey 32%的金色巧克力，白巧克力則是使用Opalys 33%和Ivoire 35%兩種不同的風味。巧克力的選擇會依照各食譜的需求而不同（各食譜材料均有標註）。使用前多半會先隔水或微波爐加熱至融化。隔水加熱時，應注意不要讓巧克力碰到水；微波爐加熱則是要分次進行，避免巧克力局部過熱。

香草籽

用於賦予蛋糕香甜的香草氣味。通常會將香草籽從香草莢中取出，混合鮮奶油使用，或者將籽和香草莢一同浸泡在液體材料中。市面上有各種產地的香草籽，其中烘焙界最熟悉的是「馬達加斯加」，以及散發花香的「大溪地」。本書僅在香草蘋果翻轉蛋糕中混合了兩個產地的香草籽，其餘皆為馬達加斯加香草籽。

利口酒

蛋糕重要的風味來源之一，能夠將甜點的視覺、嗅覺、味覺提升到更高層次。利口酒不僅賦予多樣化的風味和香氣，還可以收斂包括甜味在內的複雜尾韻。此外，酒精成分也有助於抑制細菌生長，延長保存期限。因為利口酒的口味眾多，水果、穀物、香料等，即使口味、成分相同，不同品牌的酒精含量和風味也會有所不同，建議實際試一下味道。利口酒是以酒精為主要成分，在用量上也應考慮與其他材料間的協調性來做調整。

Q. **可以不要加利口酒嗎？**

A. 在課堂上最常聽到的問題之一，就是「利口酒可以省略嗎？」毫無疑問，利口酒絕對是材料列表上可以被省略的第一名。但是我們仍然建議大家添加，因為少量利口酒就能在蛋糕中發揮神奇的作用。（根據食譜略有不同，有些蛋糕加了利口酒反而干擾，也有些利口酒被視為主要的風味元素，無法省略。）

吉利丁片
NH果膠粉
吉利丁粉
（泡水後）
吉利T粉
吉利丁片（泡水後）
吉利丁粉
吉利丁塊

03.

凝固劑

在甜點中，凝固劑主要用於製作鮮奶油、果凍、果醬。在鮮奶油蛋糕中，同樣也是多用來凝固裝飾及夾餡用的果凍、果醬，或用於控制水分含量。

吉利丁

吉利丁又稱「明膠」，是將動物的膠質乾燥後製成，依照型態分為吉利丁粉和吉利丁片。吉利丁片使用時會先浸泡在低於20℃的冷水中，吉利丁粉則是浸泡低於20℃的冷水，或者以溫水溶解並凝固成吉利丁塊，再切割使用。

吉利丁塊＝將吉利丁粉和水（50-70℃）以1：5的比例混合，冷卻凝固後使用。

- 吉利丁塊可以放冰箱冷藏保存約一週。
- 溶解吉利丁塊或泡吉利丁片的水如果太熱，可能會無法凝固。

NH果膠粉

從水果或果皮中提取的碳水化合物膠質，多用於果醬和果凍，由於可以在適度的甜和酸的環境中起反應，並且能夠重複加熱，因此被廣泛運用在甜點製作中。果膠粉必須加熱到80℃以上才能發揮作用，但必須避免直接加入高溫水中，以免結塊。果膠粉的粉末非常細小，先與少量糖混合再使用比較能均勻溶解。

吉利T粉

植物性的凝固劑，是從蕨類、藻類等植物中提取出的膠質，凝固後具有光澤和彈性，口感比吉利丁略硬。需要加熱至80℃以上才會溶化，但在室溫就會開始凝結，因此不需冷藏也能維持果凍狀態。

＊韓國有些產品會再細分為NO.9至NO.11等型號，數字越大，口感越硬（NO.11具有特殊的苦味）。本書中使用NO.9。若無特殊需求，購買一般吉利T粉即可。

調理盆
圍邊紙（軟&硬）
電子秤
矽膠刮刀
CAS
WZ-3A
蛋糕模具
手持攪拌器
打蛋器
毛刷
篩網
抹刀
acuba
紅外線溫度計
擠花嘴

04.
必備工具

手持攪拌器 用來混合材料，或是攪拌蛋液、麵糊、奶油，使其包覆空氣的電動工具。可以調整速度，使用起來省力又方便。

打蛋器 和手持攪拌器一樣，用於拌入空氣或混合材料。雖然手動比較費力，但可以更仔細掌握材料的狀態。建議選擇前端鋼絲較密，與材料總量或體積大小相符的尺寸。

矽膠刮刀 用於混合攪拌、刮去盆邊的麵糊，或移動麵糊到其他容器時使用。請選擇耐熱的矽膠刮刀，與打蛋器一樣，應視材料總量或體積挑選尺寸。

電子秤 烘焙上微小的計量錯誤，可能就會產生很大的影響，必須要準備一台好用的電子秤。養成順手將秤歸零、準確測量的習慣。建議挑選以g為單位，可以測量到小數點的微量秤。

調理盆 用於盛裝材料或麵糊、鮮奶油的容器。需要視材料量挑選大小，尤其在打發蛋白或鮮奶油等液體材料時，較深的調理盆比較不容易噴濺。我慣用的是不鏽鋼材質，有時會依需求改用玻璃或耐高溫塑料（書中為了看清楚內容物，使用玻璃調理盆）。

抹刀 用於推展麵糊、塗抹鮮奶油或蛋糕抹面時使用，根據形狀分為直柄、L形，也有迷你的尺寸。建議依照蛋糕大小，挑選使用起來順手的抹刀。

鋸齒麵包刀 刀片呈鋸齒狀，在本書中主要用於切割蛋糕體。

篩網 將粉狀材料先過篩去除結塊，更能夠均勻混合。

溫度計 確保準確的溫度這件事，在烘焙的過程中極其重要。溫度會影響成品的體積、質地和口感。建議同時使用非接觸式的紅外線溫度計，以及接觸式的溫度計。

毛刷 在蛋糕上塗抹糖漿，或是在模具內塗抹奶油時使用。建議選擇不會掉毛的產品，使用後必須確實清潔及乾燥。

烘焙紙 鋪在烤盤或模具上避免沾黏的紙張，有助於烘烤後輕易脫模，並達到保濕效果。使用前要根據需求大小裁剪。

圍邊紙（軟&硬） 用於維持蛋糕形狀，以及保持鮮奶油的濕潤度。通常蛋糕圍邊會是比較薄軟的材質，慕斯圍邊則較為厚硬。

擠花袋&花嘴 用於將鮮奶油做出造型擠花，或是擠餡料的工具。在裝飾蛋糕時，要先將所需形狀的花嘴放入擠花袋中，再填入鮮奶油使用。

模具 在書中使用的是直徑15cm和18cm的圓形塗層模具，以及長方形的麵包烤盤（尺寸約39x29x4.5cm）。

蛋糕轉盤 用來組裝蛋糕，以及抹面、裝飾時使用。選擇能夠平穩轉動、重量適中、不易晃動的產品，表面如果有蛋糕尺寸的圓形線條會更方便。

JOYS_KITCHEN
CAKE

: BASIC LESSON 2

01.

打發鮮奶油

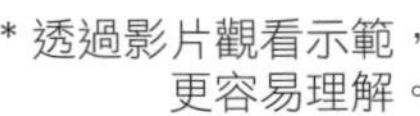

60%（6成）

- 攪打時表面會有攪拌器經過的痕跡，但停下後線條迅速消失。
- 適合製作糖霜和裝飾。

70%（7成）

- 攪拌器上的鮮奶油滴下後會堆疊在表面，輕晃調理盆才流動，富彈性。
- 整體的流動感開始降低，狀態逐漸變得穩定。
  →通常會在這個階段添加其他材料。
- 適合製作糖霜和裝飾，質地仍較稀。

80%（8成）

- 表面攪拌器經過的痕跡變得很明顯。
- 鮮奶油滴落並堆積在表面後，只會些微移動，不太會崩解融合。
- 使用刮刀將鮮奶油翻起時，鮮奶油頂端呈小尖角。翻拌時幾乎不會流動，表面光亮滑順。
- 適合製作糖霜和裝飾，仍然有少許的流動感。

85%（8.5成）

- 即使大力搖動調理盆，鮮奶油也不會移動。
- 使用刮刀將鮮奶油翻起時，鮮奶油頂端呈短尖角。鮮奶油不流動。
- 表面光亮滑順。
- 適合用來抹面和裝飾。
- 適合混合粉狀材料。

90%（9成）

- 鮮奶油變得有分量、密度很高。
- 邊緣的鮮奶油開始變得有些粗糙。
- 使用刮刀翻拌時，調理盆內其餘鮮奶油不會跟著動，感覺較硬挺。
- 適合製作線條明顯的擠花或抹面（但必須快速完成）。
- 適合混合含水量較高的果泥等材料。

95~100%

- 停止攪拌時，攪拌器上會沾附許多鮮奶油。
- 使用刮刀翻拌時沒有滑順的線條，變得更硬挺。
- 鮮奶油整體感覺較為粗糙。
- 適合混合含水量較高的果泥等材料。

過度打發

- 鮮奶油的油水分離，呈現泡狀的狀態。
- 鮮奶油沒有延展性，很難推開。
- 整體感覺粗糙，而且味道較重。

★ 本書的鮮奶油主要為三個用途。首先是蛋糕的夾層鮮奶油，大多會打發至85~95%。用於擠花的裝飾鮮奶油為80~90%，抹面鮮奶油也是80~90%。實際情況會根據材料或蛋糕結構調整。

★ 考量到抹面所需的時間，本書中的抹面鮮奶油，大多建議打發至80%。但如果已經很熟練，或是做好就要立刻販售的情況，也可以打發到85~90%。

鮮奶油的分類

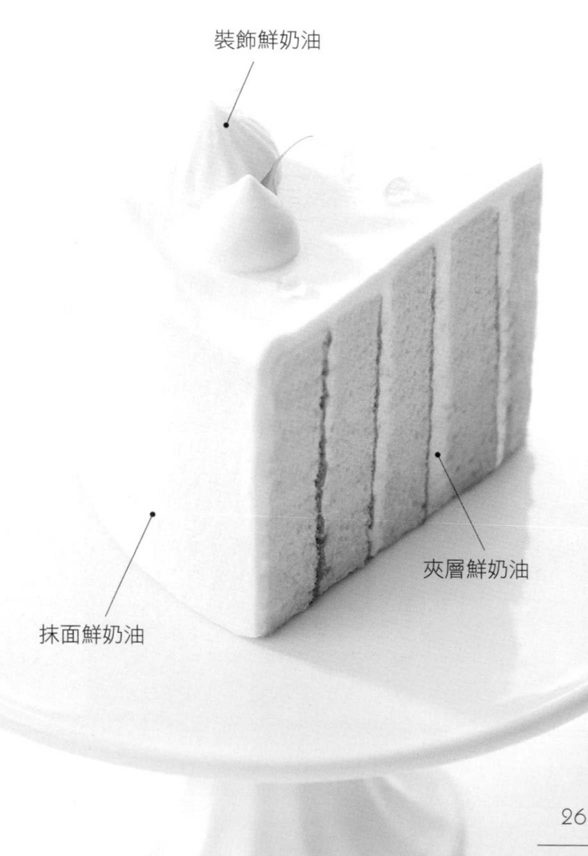

02.

裁切蛋糕片

how to

① 蛋糕完全放涼後，撕除烘焙紙。

- ■ 連同烘焙紙一起切雖然比較好切，但烘焙紙的碎片容易黏在蛋糕上。

② 將蛋糕底部切下約0.2cm的厚度。

- ■ 切蛋糕時，建議搭配切片器或切片棒輔助。如果使用的是切片棒，因為0.2cm很薄、容易移動，可以在上面壓1cm或1.5cm的切片棒固定再切。

③ 切下底部後稍微整理碎屑，再依照需求厚度切割蛋糕片。

- ■ 切蛋糕時如果手壓得太用力，容易不小心切太厚，導致切片量不夠，因此建議輕壓，讓蛋糕不會移動就好。
- ■ 若使用的是切片棒，可以注意聽麵包刀與切片棒接觸的聲音，判斷是否切在正確的位置上。

④ 切好的蛋糕片若沒有立即使用，可以用保鮮膜密封保存。

03.

組裝

how to

① 將切好的蛋糕片放在轉盤正中央。

- ■ 需將蛋糕片放在正中央，確保轉動時蛋糕不會位移，或是組裝好不對稱。
- ■ 蛋糕可以組裝完移到蛋糕底盤，或是一開始在轉盤上抹一點鮮奶油、先固定好蛋糕底盤後，直接在上面組裝。

② 在蛋糕片上放少量的夾層鮮奶油。

- ■ 如果第一層鮮奶油太厚，往上組裝時可能會被擠壓出來。避免用抹刀在蛋糕片上反覆塗抹太多次，容易產生過多碎屑。

③ 轉動蛋糕轉盤，用抹刀將鮮奶油抹開。

- ■ 蛋糕的邊緣處要仔細塗抹。

④ 將抹刀垂直貼在蛋糕邊，轉動轉盤一兩圈，整理側面的鮮奶油。

⑤ 鋪上水果等夾餡材料。保留邊緣0.3-0.5cm，其餘均勻鋪滿。

■ 如果完全鋪滿，鮮奶油在塗抹時可能會被餡料釋出的水分稀釋、流出蛋糕外，影響外觀。

⑥ 再次塗抹一層夾層鮮奶油，覆蓋住下層的水果。

■ 使用抹刀將鮮奶油均勻抹平。

⑦ 將抹刀垂直貼在蛋糕邊，轉動轉盤一兩圈，整理側面的鮮奶油。

⑧ 在修整的過程中，把超出蛋糕範圍的鮮奶油抹掉。

⑨ 再次依序鋪蛋糕片、放夾餡材料，並均勻塗抹一層鮮奶油。

⑩ 放上最後一片蛋糕片。

■ 組裝好後，先稍微清理掉周圍的蛋糕碎屑，再進行抹面。

04.

抹面

how to

① 在蛋糕上放足夠覆蓋整顆蛋糕的鮮奶油。

② 稍微轉動轉盤，用抹刀均勻推開鮮奶油。

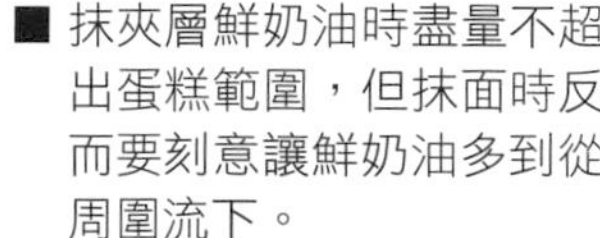

■ 抹夾層鮮奶油時盡量不超出蛋糕範圍，但抹面時反而要刻意讓鮮奶油多到從周圍流下。

③ 將抹刀水平貼在蛋糕上，加速轉動轉盤，將蛋糕頂端抹平。

④ 將抹刀垂直貼在蛋糕側面，調整成斜角的角度，將鮮奶油塗抹均勻。

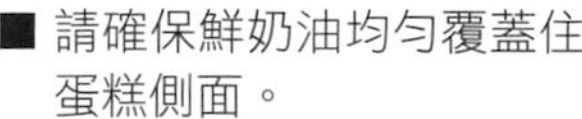

■ 請確保鮮奶油均勻覆蓋住蛋糕側面。

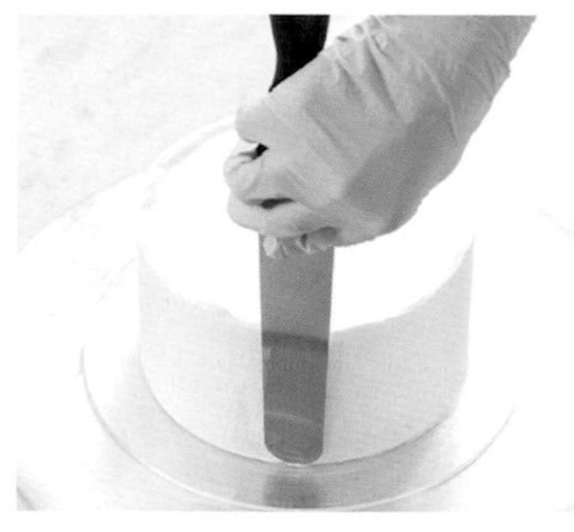

⑤ 側面確實覆蓋鮮奶油後，固定抹刀的位置，轉動轉盤將側面抹平。

⑥ 將抹刀水平放在蛋糕底部旁邊，調整成斜角，轉動轉盤，用刀面抹除從蛋糕側面滴下來的鮮奶油。

⑦ 將蛋糕邊緣凸起的鮮奶油抹平。

■ 用抹刀內側，將蛋糕邊緣的鮮奶油由外向內抹過，和沒有抹的地方重疊，避免出現明顯的交界。

⑧ 完成抹面後的蛋糕。

■ 根據鮮奶油量和蛋糕的需求，可以選擇抹面要一層或兩層。如果分兩層抹，記得先將抹面鮮奶油分成兩份再開始。

05.

鮮奶油蛋糕的保存

本書中收錄了38款鮮奶油蛋糕，各自都有適合的保存方法。書中標示的保存期限並非最佳賞味期，只是不易變質的可食用期限。請參考下列內容，注意儲存方法。

① 打發的鮮奶油，建議當日食用完畢。

② 已開封但未打發的鮮奶油可冷藏存放約5天，但考慮到風味和口感，建議2-3天內食用完畢。

③ 含有高濃度酒精，或以酒為主要風味的鮮奶油蛋糕，由於香氣和風味容易流失，建議當日食用完畢。

④ 混合天然食材粉或高可可含量巧克力的鮮奶油，容易隨著時間推移變得厚重，導致味道不甚理想，因此不建議長時間保存。

06.

分切蛋糕的技巧

蛋糕的課程中，很多人好奇該怎麼切出切面漂亮的蛋糕。首先在切蛋糕時，使用的是刀刃呈鋸齒狀的麵包刀，要像鋸東西般輕輕來回拉動刀刃，將蛋糕切開。刀子的長度最好比蛋糕直徑更長。

① 以明火將刀子加熱。

■ 可以用卡式爐等工具，直火加熱刀子，但要注意溫度不能過高，以免鮮奶油融化。另外也可以將刀子泡熱水，擦乾再使用。

② 檢查刀子的溫度是否適當。

③ 將刀子水平放在蛋糕中央，一邊像用鋸子般輕輕來回拉動刀子，一邊往下切。可以先切半徑，也可以直接切直徑。

■ 請壓住蛋糕底盤，防止蛋糕晃動崩塌。根據蛋糕的結構和夾餡，有時也會將刀子垂直插入蛋糕中間切。

④ 完全切至底部後，將刀子往後抽出。

⑤ 清理刀面上的鮮奶油和蛋糕屑後，再重複相同步驟切下一刀。

■ 蛋糕剛組裝好時，蛋糕片和鮮奶油還沒有完全結合，直接切容易崩塌，甘納許等夾餡也容易散開來。建議先冷藏一段時間再切。

07.

切片蛋糕的保存

蛋糕的切面暴露在空氣中容易變乾和變色，因此必須先圍邊再保存。請使用與蛋糕高度相符的軟質圍邊紙。

① 準備符合蛋糕外圍長度和高度的圍邊紙。

② 小心取出切好的蛋糕片。

■ 注意不要讓鮮奶油或夾餡掉落。

③ 將圍邊紙的中間先貼緊蛋糕前端，包起來。

④ 再順著蛋糕的形狀貼上圍邊紙即可。

⑤ 如果是表面沒有水分的蛋糕，圍邊紙黏不住，可以將圍邊紙內側先稍微沾濕再使用。

JOYS_KITCHEN
CAKE

: JOY'S KITCHEN CAKE RECIPES

Class 01

GÉNOISE

全蛋法海綿蛋糕

海綿蛋糕食譜

#1 經典草莓蛋糕
#2 草莓香蕉檸檬蛋糕
#3 開心果草莓蛋糕
#4 藍莓檸檬花蛋糕
#5 綠葡萄優格蛋糕
#6 番茄牛奶蛋糕
#7 杏桃椰香蛋糕
#8 李子粉紅酒凍蛋糕
#9 桑格利亞調酒蛋糕
#10 香橙伯爵茶蛋糕
#11 香草蘋果翻轉蛋糕
#12 楓糖核桃蛋糕
#13 猛瑪蛋糕
#14 黑糖豆粉脆米餅蛋糕
#15 黑糖蒙布朗蛋糕
#16 黑芝麻拿鐵蛋糕
#17 花生醬果醬蛋糕
#18 柚香巧克力蛋糕
#19 金桔胡桃醬巧克力蛋糕
#20 玫瑰覆盆子蛋糕
#21 南瓜柳橙蛋糕
#22 紅蘿蔔蛋糕

GÉNOISE
全蛋法海綿蛋糕

製作鮮奶油蛋糕時使用的蛋糕片，大多數是海綿蛋糕。海綿蛋糕的做法可以分為兩種：將蛋黃和蛋白一同打發的「全蛋法」，以及將蛋黃和蛋白分開打發再混合的「分蛋法」。

其中我自己最常使用的是「全蛋法海綿蛋糕」，也稱為「法式海綿蛋糕」。在蛋、糖、麵粉同比例的基礎上，結合風味、口感和水分的需求，衍生出不一樣的變化。

全蛋法的製程光看步驟，好像比分蛋法來得簡單、容易製作。原則上沒有錯，但相對於分蛋法，全蛋法的麵糊也比較不穩定，蛋白結構較弱、容易消泡，需要多練習累積經驗，才能維持麵糊狀態一致。即使只做一個蛋糕，也要掌握許多小細節才能順利成功（相信曾經嘗試製作蛋糕的人，應該都很有共鳴）。

這個章節的全蛋法麵糊，是我在製作鮮奶油蛋糕時最常使用的基本款麵糊。如果能夠將蛋糕體做得出色，即使只是加了普通鮮奶油和當季鮮果的水果蛋糕，也絕對足夠美味！

在下一頁，我將詳細分析製作這款蛋糕時，需要特別注意的事項。請在正式開始前仔細閱讀。

① 粉狀材料必須先過篩

在粉狀材料中，特別是麵粉，有吸收水氣並容易結塊的特性。如果把結塊的麵粉放入麵糊中混合會很難均勻散開，變得無法烤熟或結成塊狀。過篩後的麵粉能讓空氣穿過，均勻分散在麵糊中並迅速吸收水分。

② 烤模必須鋪上烘焙紙

在烤箱內，烤模會傳遞熱能使麵糊熟透。然而在這過程中，如果熱的模具和麵糊直接接觸，可能導致麵糊變得粗糙或硬化。烘焙紙或鋁箔紙可以有效阻隔，同時支撐麵糊往上爬升。烘焙紙的大小應與模具相符，並開始製作前鋪好。

③ 使用室溫蛋

全蛋法麵糊的製作關鍵，在於能否成功打發出濃密的泡沫，因此將蛋和糖混合打發的初步過程非常重要。本書中的麵糊配方為了讓泡沫更濃密穩定，不使用隔水加熱的方式，單純只靠逐漸加入糖來打發。如果蛋的溫度太低，僅靠打發可能無法使糖完全融化，因此必須使用室溫蛋。

④ 手持攪拌器不要開高速

本書中的麵糊為了保持質地和保濕性，糖的含量相對較高。如果在使用手持攪拌器時過快打發麵糊，可能會導致泡沫升起的時間和糖的融化時間不一致（糖還沒有完全融化就打發了）。因此在使用手持攪拌器時，需要以中速進行，確保泡沫能夠穩定上升，並在糖完全融化時形成穩固均勻的氣泡。

⑤ 先混合融化的奶油和牛奶，再加入麵糊

由於奶油和牛奶比麵糊更重，所以如果不預先混合，直接倒入麵糊中，可能會迅速下沉，難以均勻混合。因此需要先將奶油和牛奶稍微加熱，然後與部分麵糊混合，最後再加入剩餘的麵糊中拌勻，輕輕翻拌幾次即可。

⑥ 麵糊倒入模具後要排出氣泡

麵糊混合好後，需要排掉包覆在麵糊裡頭的大氣泡，質地才能均勻。如果直接倒入烤模就烘烤，麵糊可能會過於膨脹或膨脹不夠。因此，入模後可以把模具底部在桌面上輕敲一兩次，或使用木籤等工具輕輕劃過麵糊，有助於烤出更均勻且穩定的蛋糕組織。

⑦ 掌握自家烤箱的溫度和時間

本書使用的是Smeg旋風烤箱。由於不同品牌和年份烤箱的溫度可能略有差異，因此建議初次嘗試時，先以烤箱溫度計測量1到2分鐘。如果溫度過高，可能會導致麵糊過度膨脹、顏色太深，同時也流失掉過多的水分。相反地，如果溫度太低，麵糊可能無法充分膨脹，烤出來的口感太硬。因此，了解自己所使用的烤箱，並測試幾次來確定適當的溫度和時間，這一點非常重要。

⑧ 出爐後要先去除內部的熱氣

烘烤完出爐之後，將烤模放在桌面上輕敲一兩次，使麵糊內部的熱氣釋放出來。接著立即脫模，保留烘焙紙不要撕除，直接將蛋糕倒扣在冷卻架上，這有助於排出多餘的水蒸氣、保持形狀的完整。蛋糕完全冷卻後就可以分切食用，或是密封保存。

我們在教學的過程中，時常不斷強調上述幾件事。雖然都只是一些小動作，但想要做出完美的蛋糕，除了著重材料品質和打發狀態，這些細節也是不能忽視的關鍵。在接下來的食譜中也會提供各個階段的重要技巧，只要仔細執行，就能獲得良好的成果。

GÉNOISE RECIPE

本書食譜都是我經過長時間思考，並且重複檢驗多次而成，具有豐富的口味層次。但如果想要更輕盈的質地，可以將所有的蛋黃換成全蛋（包括蛋白），甚至將所有蛋黃換成蛋白，就會非常柔軟。同樣地，即使是相同的材料和比例，也可能透過不同的打發方法改變質地。例如，在調理盆下放一碗熱水，將溫度提高至34-35℃再打發，這麼一來，就能製作出更輕盈的麵糊，大家可以自行嘗試不同的變化。

份量 *size*

直徑15cm、高7cm的模具1個

材料 *ingredients*

全蛋	115g
蛋黃	17g
糖	95g
低筋麵粉	80g
牛奶	30g
奶油	20g

how to make

1. 在調理盆中放入室溫的全蛋和蛋黃。
2. 以攪拌器的低速輕輕攪拌。

   ■先將蛋黃打散，會比較容易打發。
3. 加入糖後，持續以低速輕柔混合。

   ■糖具有親水性（容易吸收水分），容易凝結，因此加入後要迅速攪拌。
4. 將糖均勻混合後，轉中速打發。

5. 打發至舉起攪拌器，麵糊滴落後會在表面停留片刻。

   ■若麵糊滴落後迅速消失，表示打發得不夠；若黏在攪拌器上或呈塊狀，表示打發過度。
6. 轉低速讓氣泡變得細緻。

   ■此時會持續打發，同時減少大氣泡。
7. 加入過篩的低筋麵粉，用抹刀從底部輕輕翻拌均勻。
8. 翻拌至無明顯顆粒狀，整體光滑即完成。

9

10

11

12

9. 先取部分麵糊，加入55-60℃的熱牛奶和融化奶油混合。

■ 若想要直接混合，必須先將奶油和牛奶的溫度調整到45-48℃。

10. 將混合好的麵糊加入剩餘麵糊中，從底部輕輕翻拌、迅速拌勻。

11. 舉起刮刀讓麵糊滴在表面，確保麵糊仍具流動性，且滴落的形狀會在表面停留片刻。

12. 將麵糊倒入鋪好烘焙紙的模具中。

■ 盆中剩餘的麵糊，先輕輕攪拌混合，避免邊緣殘留油脂或氣泡，再倒入模具。

13

14

15

16

13. 用刮刀輕輕抹平麵糊表面。

14. 入模後將模具底部輕敲桌面一兩次，敲出中間的大氣泡。

15. 放入預熱至170℃的烤箱中，調整溫度至160℃，烘烤30分鐘。

16. 蛋糕出爐後，將模具輕敲幾下後脫模。先不要拆掉烘焙紙，直接倒扣在冷卻架上放涼。

■ 麵糊受熱膨脹後會形成大氣泡和蒸氣，聚集在頂端。因此從烤箱拿出來後要先輕敲幾下去除熱氣，再倒扣放涼。

■ 蛋糕分切之前再取下烘焙紙，避免變乾或收縮。

#1

STRAWBERRY CAKE

經典草莓蛋糕

做蛋糕的人，對草莓蛋糕都有種莫名的憧憬。我以前也是這樣，覺得非得做出一顆完美的草莓蛋糕，才算是交出了功課。

無論是使用香草奶油的基本款草莓蛋糕，還是以技巧提升風味口感的變化款草莓蛋糕，這些看似雷同的蛋糕們，事實上都來自變化萬千的食譜。越基本的蛋糕，越需要細緻的基本功。

非常推薦大家嘗試我的這款蛋糕配方！能夠帶來滿滿的成就感。甜度恰到好處的柔軟綿密鮮奶油，將經過烘烤的蛋糕體和新鮮草莓完美融合。試過的人都對於蛋糕的質地相當驚豔，我做出了自己也滿意不已的經典草莓蛋糕。

在以水果為主的蛋糕中，使用像草莓一樣高含水量的果物時，
水果原始的滋味，將遠遠比任何其他元素更加耀眼。
蛋糕的甜度可以輕易調整，所以在挑選水果時，
比起甜度，更需要優先考慮本身的風味是否充足。

份量 *size*

直徑15cm、高度7cm
圓形蛋糕烤模1個

製作步驟 *process*

① 白巧克力鮮奶油

② 處理草莓

③ 透明櫻桃糖漿

④ 全蛋法海綿蛋糕＋切片

⑤ 打發白巧克力鮮奶油

⑥ 組裝＆裝飾

保存方式 *expiration date*

- 全蛋法海綿蛋糕
  ：室溫2天、冷凍2週

- 白巧克力鮮奶油
  ：冷藏3天
  ■超過3天容易變質，建議盡早食用。

- 透明櫻桃糖漿
  ：冷藏1週

- 完成的蛋糕
  ：冷藏5天
  ■實際保存時間取決於草莓的狀態，建議盡早食用完畢。

白巧克力鮮奶油

INGREDIENTS

白巧克力 (VALRHONA OPALYS 33%)	50g
鮮奶油A	50g
鮮奶油B	300g
糖	13g

HOW TO MAKE

1. 白巧克力加熱至50℃，鮮奶油A加熱至80℃。將鮮奶油A分兩次加入白巧克力中拌勻。
2. 調整溫度至55-60℃後，混合鮮奶油B。
3. 封上保鮮膜後，冷藏靜置至少5小時。
4. 取出步驟3後，加糖，用攪拌器開低速打發至80%，用刮刀翻拌時尖端會微微翹起。（抹面鮮奶油）

   ■打發時將調理盆墊在冰水盆中操作。
5. 取出70g，放入裝有806號花嘴的擠花袋中，冷藏備用。（裝飾鮮奶油）
6. 將剩餘的鮮奶油分一半出來，用中速打發至90%，尖端呈直立狀態。（夾層鮮奶油）

組裝&裝飾

全蛋法海綿蛋糕 … P.41-43

INGREDIENTS

透明櫻桃糖漿

水	40g
糖	20g
櫻桃利口酒	5g

草莓

食用金箔

HOW TO MAKE

1. 將一片蛋糕片放在蛋糕轉盤中間，刷一層透明櫻桃糖漿。
   - ■海綿蛋糕先切成三片厚1.5cm的蛋糕片。
   - ■將水和糖煮沸，加入櫻桃利口酒後冷卻，即完成透明櫻桃糖漿。
2. 抹一層夾層鮮奶油。
3. 將草莓切成一半，放在上面。
   - ■草莓要先去除蒂頭、確實洗淨瀝乾。
4. 再抹一層與草莓等高的夾層鮮奶油。
5. 依序堆疊：擺一片蛋糕→刷糖漿→抹夾層鮮奶油→放草莓→抹夾層鮮奶油。
6. 最後再放上一片蛋糕，然後刷上透明櫻桃糖漿。
7. 用抹面鮮奶油，將蛋糕上面和側邊都抹兩層鮮奶油。
8. 沿著蛋糕邊緣擠一圈裝飾鮮奶油，中間以草莓和金箔裝飾即完成。

#2

STRAWBERRY & BANANA & LEMON CAKE

草莓香蕉檸檬蛋糕

可以用來調成其他醬料，或是應用於不同料理中的基礎醬料，在西餐中稱為「母醬」。在這個蛋糕中，草莓和檸檬便是扮演著這樣的角色。

協調性高的草莓和檸檬，能夠搭配運用的食材範圍非常廣大。在這裡使用的是香蕉，以另一種熟悉的水果滋味，融合成和諧卻又嶄新的風味。

使用香蕉這種越熟越甜的水果時，必須留意熟度的掌握。
當作主要的風味時，甜度和香氣高的熟透香蕉是很好的選擇，
但如果與其他食材搭配，果肉不過軟、保有口感的熟度反而更好。
請考慮各食材的特性以及彼此間的搭配性，選擇最好的時機。

份量 *size*

直徑15cm、高度7cm
圓形蛋糕烤模1個

製作步驟 *process*

① 草莓果凍

② 全蛋法海綿蛋糕＋切片

③ 檸檬馬斯卡彭鮮奶油
檸檬香蕉馬斯卡彭鮮奶油

④ 組裝＆裝飾

保存方式 *expiration date*

- 全蛋法海綿蛋糕
  ：室溫2天、冷凍2週

- 草莓果凍
  ：冷藏2天、冷凍2週

- 檸檬馬斯卡彭鮮奶油
  檸檬香蕉馬斯卡彭鮮奶油
  ：冷藏5天
  ■保存時間會根據香蕉狀態有所差異。

- 完成的蛋糕
  ：冷藏5天

草莓果凍

INGREDIENTS

冷凍草莓	120g
糖A	20g
草莓果泥	50g
糖B	5g
吉利丁塊	24g

HOW TO MAKE

1. 在鍋中加入冷凍草莓、糖A、草莓果泥，一邊攪拌一邊加熱。
2. 加熱到糖完全溶解後，離火。
3. 用濾網過濾。
4. 將過濾後的草莓果肉倒入直徑15cm的慕斯圈中。
   - ■如果使用14cm的慕斯圈，因為果凍不會完整覆蓋蛋糕表面，抹面時側面的鮮奶油要塗厚一點。
   - ■在慕斯圈底部封一層保鮮膜，防止內容物流出。
5. 過濾後的草莓汁再次倒回鍋中，加入糖B，攪拌加熱。
6. 加熱至超過60℃後關火，加入吉利丁塊，攪拌至融化。
   - ■請注意溫度不要超過80℃。
7. 倒入慕斯圈中。
8. 放入冷凍庫至完全冷凍。

檸檬馬斯卡彭鮮奶油＆檸檬香蕉馬斯卡彭鮮奶油

INGREDIENTS

馬斯卡彭乳酪	50g
糖	35g
濃縮檸檬汁	8g
鮮奶油	330g
香蕉丁	40g

HOW TO MAKE

1. 將馬斯卡彭乳酪、糖放入調理盆中，用攪拌器開低速拌開。
   ■底部墊一個裝冰水的大碗，避免攪拌時溫度上升。
2. 加入濃縮檸檬汁，用刮刀輕輕拌勻。
3. 鮮奶油分兩次加入，用攪拌器打發至80%後，取出160g。（抹面鮮奶油）
4. 剩下的鮮奶油繼續打發至90%。（夾層鮮奶油）
5. 將香蕉切成約0.5cm大小的小丁。
6. 取出80g鮮奶油，加入香蕉丁拌勻。（夾層鮮奶油）
   ■打發的鮮奶油分為三種。
   ① 檸檬馬斯卡彭鮮奶油（抹面）-80%
   ② 檸檬馬斯卡彭鮮奶油（夾層）-90%
   ③ 檸檬香蕉馬斯卡彭鮮奶油（夾層）-90%

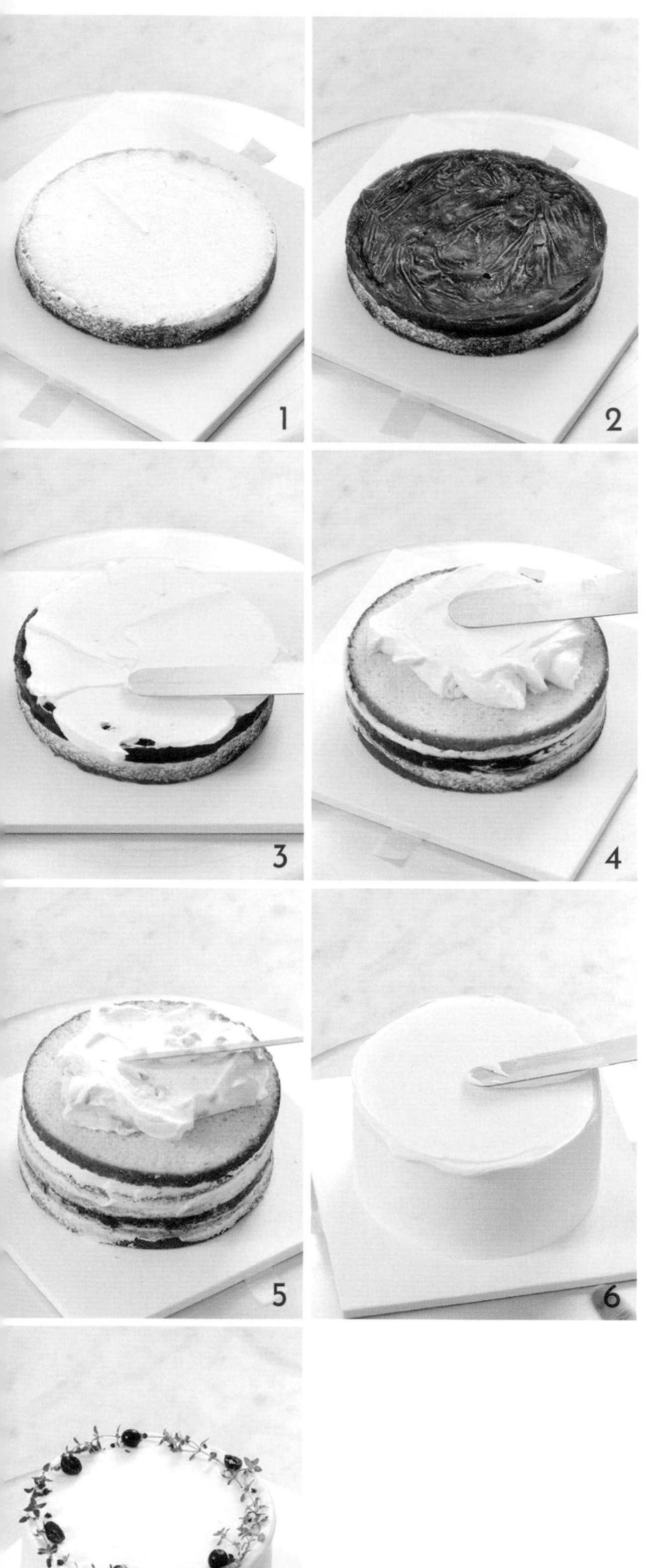

組裝&裝飾

INGREDIENTS

全蛋法海綿蛋糕…P.41-43

新鮮百里香
蔓越莓
覆盆子乾
食用金箔

HOW TO MAKE

1. 在轉盤中央放一片1.5cm厚的蛋糕片，抹薄薄一層檸檬香蕉馬斯卡彭鮮奶油。

   ■蛋糕切成1.5cm厚的1片、1cm厚的3片。

2. 放上冷凍凝固的草莓果凍。
3. 抹一層檸檬馬斯卡彭鮮奶油。
4. 再放一片1cm的蛋糕片後，抹一層檸檬馬斯卡彭鮮奶油。
5. 接著再放一片1cm蛋糕片，抹一層檸檬香蕉馬斯卡彭鮮奶油。
6. 再疊一片1cm蛋糕片後，用檸檬馬斯卡彭鮮奶油將整顆蛋糕抹面。
7. 以百里香、蔓越莓、覆盆子乾、食用金箔，圍繞蛋糕一圈裝飾即完成。

#3

PISTACHIO & STRAWBERRY CAKE

開心果草莓蛋糕

這款是Joy's Kitchen的招牌蛋糕變化版。開心果濃濃的堅果風味，搭配柑橘毫無懸念，和莓果的組合也同樣令人驚豔，因此可以根據季節的不同，使用覆盆子、櫻桃等各式水果來進行變化。

使用柳橙等柑橘類水果時，我通常會做成果醬塗抹在蛋糕上，可是在季節性的草莓食譜中，我更想要添加新鮮的草莓。

這款蛋糕如果直接放入含水量高的草莓，不僅很難突顯味道和香氣，反而會稀釋掉開心果的堅果風味。為了解決這個問題，我先塗抹草莓醬再放上草莓，完整呈現新鮮和濃縮的雙重滋味。蛋糕的切面顏色對比也很明顯，看起來更漂亮。

雖然要自己做有點麻煩，但我實在沒辦法割捨自製開心果醬的濃郁、香氣和味道。
不過也因為自製開心果醬沒有太多加工，如果比例過高，很容易影響到鮮奶油的狀態，
所以為了彌補這點，我會和市售品一起混合使用。
如果想再增加比例的話，請在轉至中高速攪拌時再添加，最後階段改用低速。

份量 *size*

直徑15cm、高度7cm
圓形蛋糕烤模1個

製作步驟 *process*

① 草莓果醬

② 處理草莓

③ 全蛋法海綿蛋糕＋切片

④ 馬斯卡彭鮮奶油、開心果鮮奶油

⑤ 組裝＆裝飾

保存方式 *expiration date*

- 全蛋法海綿蛋糕
  ：室溫2天、冷凍2週

- 草莓果醬
  ：冷藏2個月

- 馬斯卡彭鮮奶油
  ：冷藏5天

- 開心果鮮奶油
  ：冷藏5天

- 完成的蛋糕
  ：冷藏5天

  ■打發的鮮奶油容易油水分離，建議3天內食用完畢。

草莓果醬

INGREDIENTS

草莓果泥	100g
覆盆子果泥	50g
冷凍大黃 （使用Nature F&B品牌）	80g
糖A	90g
糖B	10g
NH果膠	3g

HOW TO MAKE

1. 在鍋中放入草莓果泥、覆盆子果泥、冷凍大黃、糖A，輕輕攪拌至糖完全溶解後，靜置室溫一陣子。

   ■ 製作果醬時，先靜置讓水果的水分與糖融合再加熱，會更容易固化，糖度更均勻，也可以延長保存期限。

2. 加熱到40℃後，加入混勻的糖B和NH果膠，均勻攪拌。

   ■ 果膠粉與糖先混合，會比較容易拌勻。

3. 加熱至沸騰後（80℃以上），仍然繼續加熱。
4. 煮到舀起時，呈現有點黏稠的狀態時，離火放涼。
5. 用均質機打勻成果醬。
6. 取60g出來製作蛋糕，其餘冷藏保存。

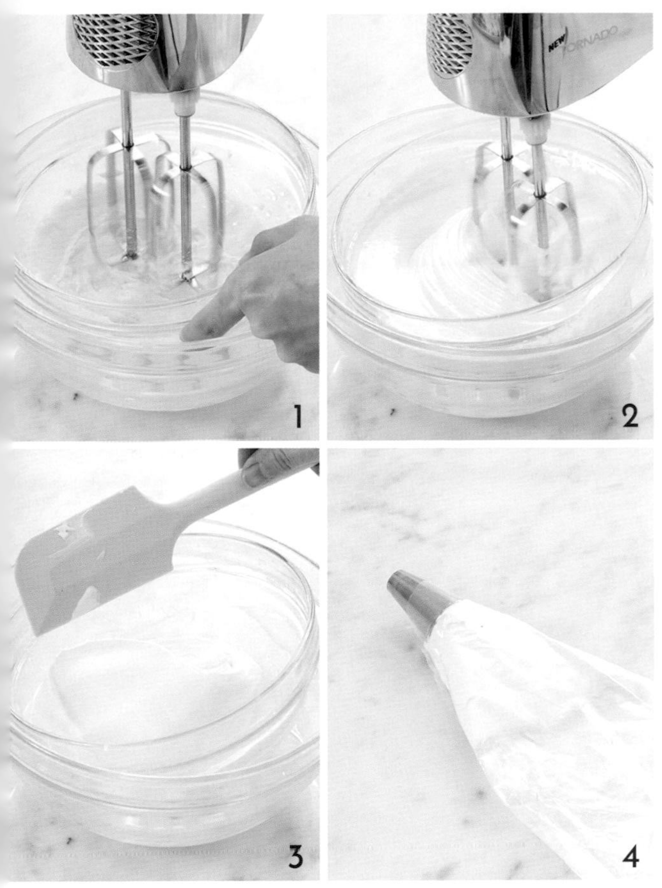

馬斯卡彭鮮奶油

INGREDIENTS

馬斯卡彭乳酪	25g
糖	15g
鮮奶油	150g

HOW TO MAKE

1. 將馬斯卡彭乳酪和糖放入調理盆中，輕輕拌勻。

   ■在底下墊一個裝有冰水的大碗。

2. 加入鮮奶油，用攪拌器的中低速攪拌。
3. 打發至90%的狀態，以刮刀翻拌時前端會短短翹起、不彎曲。（夾層鮮奶油）
4. 取少量放入裝有804號花嘴的擠花袋中，放入冰箱冷藏。（裝飾鮮奶油）

1

2

3-1

3-2

4

5-1

5-2

開心果鮮奶油

INGREDIENTS

鮮奶油	220g
糖	22g
開心果醬A （BABBI - Premium Natural C）	27g
開心果醬B （自製）	7g

HOW TO MAKE

1. 準備兩種不同的開心果醬，回溫至室溫狀態。
2. 在碗中放入所有材料，以中低速拌勻。
   ■ 在底下墊一個裝冰水的大碗。
3. 混勻後轉中速攪拌，直到用刮刀刮起後，鮮奶油尖端呈短短的尖角（85%）為止。（抹面鮮奶油）
4. 取出50g放入裝有806號花嘴的擠花袋中，放入冰箱冷藏。（裝飾鮮奶油）
5. 剩餘的開心果鮮奶油，取一半用中速攪拌至質地隱約出現粗糙感（90%）。（夾層鮮奶油）

自製開心果醬

① 將開心果放入預熱至160-170℃的烤箱中烤3分鐘，取出放涼。

② 用調理機短時間分多次攪打，直到均勻打成泥狀即可。

■ 市售開心果醬通常較鹹，因此我自製開心果醬時不會額外加鹽，但可以根據產品和個人口味添加。

組裝＆裝飾

INGREDIENTS

全蛋法海綿蛋糕 …P.41-43

草莓
香草

HOW TO MAKE

1. 在蛋糕轉盤中間放上1.5cm厚的蛋糕片，在表面抹30g草莓果醬。
   - ■海綿蛋糕事先切成一片1.5cm厚，三片1cm厚的蛋糕片。
   - ■塗草莓果醬時保留邊緣約0.5cm不塗，避免擠出蛋糕外。
2. 接著再塗一層馬斯卡彭鮮奶油。
3. 將洗淨瀝乾的草莓切半，鋪滿表面。
4. 抹上馬斯卡彭鮮奶油至與草莓等高。
5. 放上一片1cm的蛋糕片，然後再塗60g開心果鮮奶油。
6. 依序堆疊：放上1cm蛋糕片→抹30g草莓果醬→抹一層馬斯卡彭鮮奶油→放草莓→補滿馬斯卡彭鮮奶油。
7. 最後再放一片1cm蛋糕片。
8. 在蛋糕整體抹上開心果抹面鮮奶油。

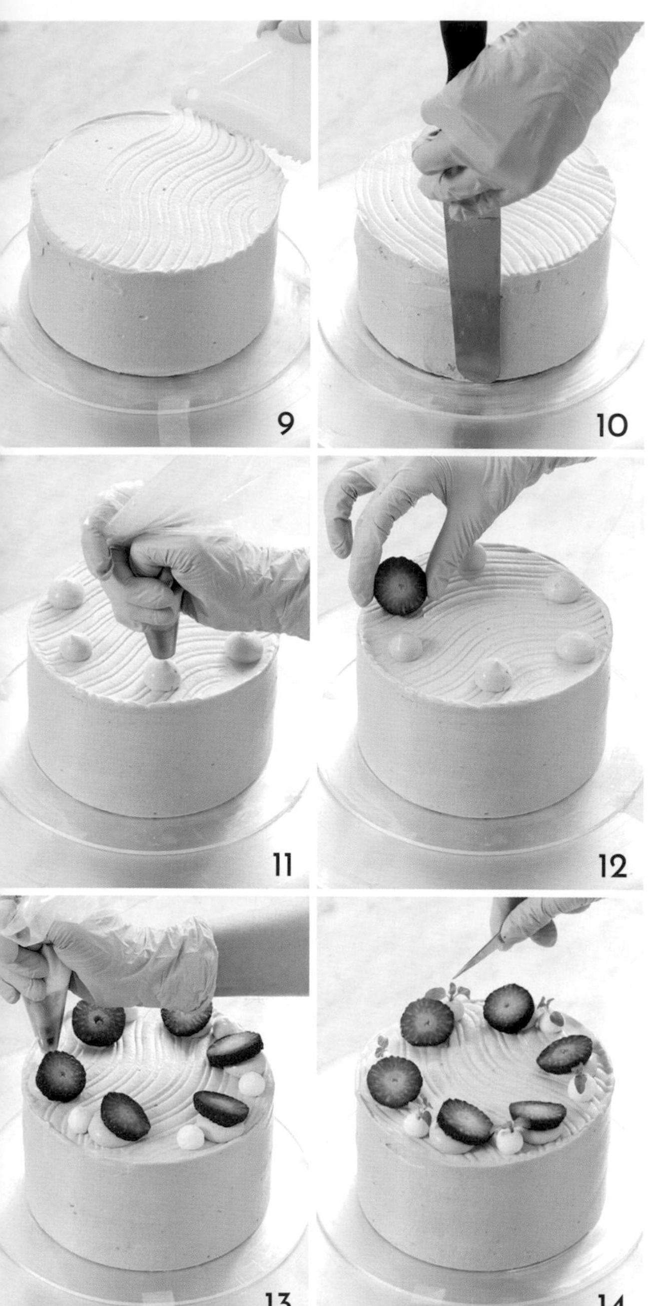

HOW TO MAKE

9. 使用波浪三角刮板，在蛋糕表面劃出波浪紋路。

■ 波浪三角刮板可在烘焙材料行購得。

10. 用抹刀將蛋糕側面抹平。

11. 將開心果裝飾鮮奶油，等間隔擠在蛋糕表面邊緣。

12. 在擠出的鮮奶油裝飾上擺放切片草莓。

13. 接著使用馬斯卡彭鮮奶油，擠在空白處裝飾，增加亮點。

14. 點綴少許新鮮香草即完成。

■ 根據個人口味，可以用奧勒岡、蘋果薄荷等香草裝飾。

準備新鮮草莓

① 清洗乾淨，去除果蒂。

② 將草莓放在攤開的廚房紙巾上，再用廚房紙巾蓋好，吸除多餘水分。

■ 如果使用的草莓甜度較低，可以稍微撒些糖粉。

#4

BLUEBERRY & LEMON CAKE

藍莓檸檬花蛋糕

藍莓是一種味道和口感都很豐富的水果，先在口中爆發莓果的甜與清新，隨之而來才是特有的酸味。適中的甜酸是藍莓的優勢，能夠與其他食材完美融合，但反過來說，如果想要將藍莓視為主要風味，充分展現魅力，甜酸的強烈度就需要再加強。在這款蛋糕中，我們以檸檬展現和藍莓不同調性的酸，同時透過椰子乳酪鮮奶油和檸檬甘納許來平衡整體的風味。

一般的藍莓檸檬蛋糕，通常比較聚焦於「檸檬」，
但這款則是取得藍莓、椰子和檸檬的平衡，展現柔和清新的魅力。
濃縮檸檬汁只要少少的量，就能表現出強烈的存在感，
使用時要注意用量，避免因為酸度讓鮮奶油變得太軟。
在製作甘納許時，也需要注意混合的順序。

份量 *size*

直徑15cm、高度7cm
圓形蛋糕烤模1個

製作步驟 *process*

① 藍莓黑醋栗醬

② 處理藍莓

③ 全蛋法海綿蛋糕＋切片

④ 椰子乳酪鮮奶油

⑤ 組裝＆抹面

⑥ 檸檬甘納許

⑦ 裝飾

保存方式 *expiration date*

- 全蛋法海綿蛋糕
  ：室溫2天、冷凍2週

- 藍莓黑醋栗醬
  ：冷藏2個月

- 檸檬甘納許
  ：冷藏2週
  ■可重新加熱使用，但加熱多次光澤可能會消失。

- 椰子乳酪鮮奶油
  ：冷藏5天

藍莓黑醋栗醬

INGREDIENTS

冷凍藍莓	130g
黑醋栗果泥	100g
糖A	33g
糖B	8g
NH果膠	2g

HOW TO MAKE

1. 鍋中放入冷凍藍莓、黑醋栗果泥、糖A，置於室溫下，直到藍莓果肉的水分釋出。

   ■也可以使用新鮮藍莓。

2. 加熱至40℃，然後加入預先混合的糖B和NH果膠，充分攪拌均勻。
3. 加熱至沸騰。
4. 當舀起時，呈現黏稠但尚能滴落的程度時，離火放冷，再用均質機打成泥。

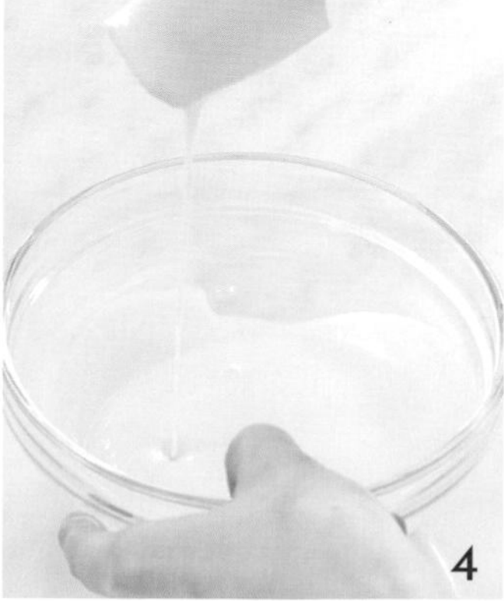

檸檬甘納許

INGREDIENTS

白巧克力 （VALRHONA OPALYS 33%）	30g
濃縮檸檬汁	4g
鮮奶油	30g

HOW TO MAKE

1. 將白巧克力加熱至50℃，使其融化。
2. 加入濃縮檸檬汁，輕輕拌勻。

   ■濃縮檸檬汁4g可以換成12g的新鮮檸檬汁。濃縮汁的酸味較高，用量要謹慎。

3. 分兩次加入加熱的鮮奶油（60-70℃），充分混合。
4. 等溫度降至33-34℃後使用。

   ■如果溫度降至33℃以下，甘納許可能會無法流動。

椰子乳酪鮮奶油

INGREDIENTS

奶油乳酪	60g
糖	55g
鮮奶油	330g
椰子利口酒	10g

HOW TO MAKE

1. 將室溫的奶油乳酪放入調理盆中，輕輕攪拌。

   ■奶油乳酪先拌開，添加鮮奶油時才不會結塊，能夠充分混勻。

2. 加入糖，充分拌勻。

   ■底下墊裝冰水的大碗，避免攪拌時升溫。

3. 添加部分鮮奶油，以攪拌器拌勻。
4. 再加入剩餘的鮮奶油和椰子利口酒，拌勻後平均分成兩份。
5. 將一半打發到80%，以刮刀刮過時，鮮奶油尖端會呈短小尖角的狀態。（抹面鮮奶油）
6. 另一半打發到90%，翻拌後刮刀上的鮮奶油不會滴落。（夾層鮮奶油）

組裝&裝飾

INGREDIENTS

全蛋法海綿蛋糕…P.41-43

藍莓
香草
乾檸檬片
切碎的開心果

HOW TO MAKE

1. 在蛋糕轉盤的正中央放一片蛋糕片，塗一層藍莓黑醋栗醬50g。
   - ■將蛋糕切成三片厚度1.5cm的蛋糕片。
   - ■藍莓黑醋栗醬保持蛋糕邊緣約0.5cm不要塗，以免抹面時從側面跑出來。
2. 再塗一層椰子乳酪鮮奶油。
   - ■要注意不讓藍莓黑醋栗醬擴散開來。
3. 再放一片蛋糕片，並塗一層椰子乳酪鮮奶油。
4. 將徹底洗淨、去除水分的藍莓，擺放在蛋糕上，共80g。
5. 再抹一層椰子乳酪鮮奶油，讓它完全蓋住藍莓。
6. 最後再疊一片蛋糕片。
7. 最後再以椰子乳酪鮮奶油，將整顆蛋糕抹面。

HOW TO MAKE

8. 將蛋糕降溫到3-4℃後，從上方正中央倒入檸檬甘納許（33-34℃）。
9. 一手轉動轉盤，另一手用抹刀將檸檬甘納許推平，使其自然流向蛋糕邊緣。
10. 以切成一半的藍莓和香草，點綴在蛋糕的三個點上。
11. 三點之間以檸檬乾和開心果碎連起，環繞邊緣進行裝飾。

■ 裝飾花環的造型時，注意不要讓裝飾物離蛋糕邊緣太遠，否則視覺上蛋糕會變小。

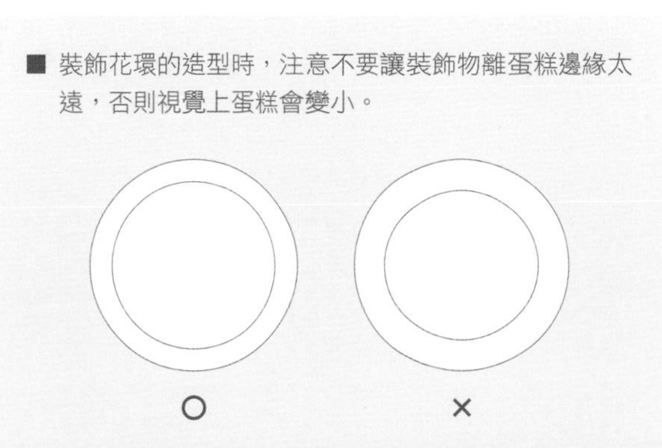

JOYS_KITCHEN
CAKE

#5

GREEN GRAPE & YOGURT CAKE

綠葡萄優格蛋糕

綠葡萄具備脆爽的口感和甜美的味道，每一口都是清涼的果汁，帶來舒暢的夏日氣息。清新鮮明的希臘優格，無論是搭配無籽綠葡萄或高甜度的麝香葡萄都能完美融合。將綠葡萄和青蘋果的香氣，充分釋放在純白優雅的鮮奶油中，品嘗怡人的全新風味。

優格蛋糕的變化難以數計，
將水果換成同樣偏酸性的綠色或金色奇異果；
用芒果或芭樂果泥替代青蘋果泥，再以芒果裝飾；
或是改成黑醋栗果泥，再用藍莓裝飾，都能夠展現截然風味。
不妨多嘗試幾種組合方式，創作出獨具特色的優格蛋糕。

份量 *size*

直徑15cm、高度7cm
圓形蛋糕烤模1個

製作步驟 *process*

① 處理綠葡萄

② 青蘋果糖漿

③ 全蛋法海綿蛋糕＋切片

④ 優格鮮奶油

⑤ 青蘋果鮮奶油

⑥ 組裝＆裝飾

保存方式 *expiration date*

- 全蛋法海綿蛋糕
  ：室溫2天、冷凍2週

- 優格鮮奶油
  ：冷藏5天

- 青蘋果鮮奶油
  ：冷藏5天

- 青蘋果糖漿
  ：冷藏2週

- 完成的蛋糕
  ：冷藏5天

  ■可以保存5天，但建議3天內食用完畢，以免蛋糕塌陷。

1

2

3

4

5

6-1

6-2

優格鮮奶油＆青蘋果鮮奶油

INGREDIENTS

希臘優格	85g
糖	20g
優格粉	38g
鮮奶油	300g
青蘋果利口酒	8g
青蘋果泥	20g
檸檬汁	3g

HOW TO MAKE

1. 在調理盆中放入希臘優格、糖和優格粉，攪拌至滑順。

   ■底下墊裝冰水的大碗，避免攪拌時升溫。

2. 加入1/3的鮮奶油拌勻。
3. 加入剩餘的鮮奶油和青蘋果利口酒，繼續攪拌。
4. 將鮮奶油持續打發至順滑狀態(80%)，即完成優格鮮奶油。(夾層鮮奶油、抹面鮮奶油)

   ■取出80g放入裝有D6K花嘴的擠花袋中，冷藏保存。(裝飾鮮奶油)

5. 取出100g，打發至完全不會流動的狀態(90%)。
6. 加入青蘋果泥、檸檬汁，拌勻即完成青蘋果鮮奶油。(夾層鮮奶油)

組裝＆裝飾

INGREDIENTS

全蛋法海綿蛋糕…P.41-43

青蘋果糖漿

沸水	40g
糖	20g
青蘋果利口酒	5g

綠葡萄
百里香
食用銀箔

HOW TO MAKE

1. 在轉盤的正中央放一片蛋糕片，表面刷一層糖漿。
   - 蛋糕切成三片1.5cm厚的蛋糕片。
   - 將沸水、糖、青蘋果利口酒拌勻後放冷，即完成青蘋果糖漿。
2. 接著用抹刀抹一層優格鮮奶油。
3. 將葡萄洗淨、拭乾水分，切掉兩端後放在上面。
4. 抹一層優格鮮奶油至葡萄的高度。
5. 再放一片蛋糕片，表面塗一層糖漿。
6. 抹一層青蘋果鮮奶油。
7. 再鋪滿洗淨瀝乾、切掉兩端的綠葡萄。
8. 抹一層優格鮮奶油。

HOW TO MAKE

9. 疊上最後一片蛋糕片，並於表面刷一層糖漿。
10. 用優格鮮奶油，將整顆蛋糕抹面。
11. 用蛋糕分割刀在表面輕壓，做出淺淺的標記。
12. 沿著標記位置，在蛋糕上擠出優格鮮奶油裝飾。
13. 放入縱切片的綠葡萄。
14. 最後再以少許百里香和銀箔裝飾即可。

準備綠葡萄

① 將葡萄浸泡在混合醋的清水中。

② 取出葡萄後，放在流水下沖洗。

③ 剪掉葡萄梗，確實拭乾水分。

④ 切成需要的形狀即可。

#6

TOMATO & MILK CAKE

番茄牛奶蛋糕

小時候去朋友家玩，朋友的媽媽曾經用番茄丁加香草優格冰淇淋，再淋上蜂蜜來招待我。那時我還很小，卻清楚記得那份美味。多年後，偶然在江原道原州的一家咖啡廳吃到番茄冰沙時，竟然讓我回憶起童年滋味，於是設計出這款蛋糕。

鮮奶油與冰沙或冰淇淋相比，味道和質地當然略有不同，但整體的風味和感覺相當類似，真希望可以讓每個人都品嘗看看如此美味的蛋糕。這款配方中的番茄草莓醬，也很適合用來加在冰淇淋或冰沙上吃（此時可以省略吉利丁）。

想要製作出光滑柔順口感的外交官鮮奶油，關鍵在於攪拌。
如果攪拌不夠充分，鮮奶油中可能會有凝乳的結塊，
但過度攪拌，也有可能導致鮮奶油過於稀釋。
務必仔細掌控時間，過程中隨時觀察鮮奶油的狀態，
才能完成恰到好處的美味質感。

份量 *size*

直徑15cm、高度7cm
圓形蛋糕烤模1個

製作步驟 *process*

① 處理番茄

② 番茄草莓醬

③ 全蛋法海綿蛋糕＋切片

④ 自製牛奶卡士達

⑤ 牛奶外交官鮮奶油

⑥ 組裝＆裝飾

保存方式 *expiration date*

- 全蛋法海綿蛋糕
  ：室溫2天、冷凍2週

- 番茄草莓醬
  ：冷藏2週

- 牛奶卡士達
  ：冷藏2天

- 牛奶外交官鮮奶油
  ：冷藏5天

- 完成的蛋糕
  ：冷藏5天

番茄草莓醬

INGREDIENTS

番茄泥（作法請參考下方）	150g
草莓果泥	45g
糖A	50g
糖B	2g
吉利T粉	5g
吉利丁塊	8g

HOW TO MAKE

1. 在鍋中加入準備好的番茄泥、草莓果泥和糖A，加熱到40-50℃。
2. 加入糖B、吉利T粉拌勻，煮到開始沸騰即離火、冷卻。
3. 當溫度降至70℃時，加入吉利丁塊，攪拌至融化。
4. 完全降溫後，使用前輕輕攪拌至順滑。

番茄泥的作法

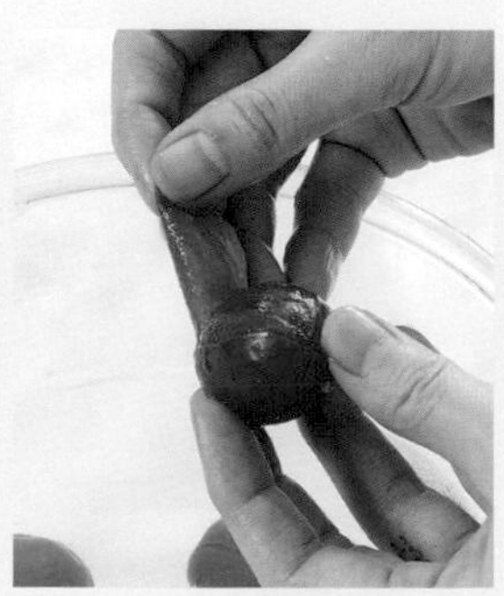

① 去掉小番茄的蒂頭，用刀切十字。

② 將小番茄放入沸水中，當切口處外皮開始脫落時，取出泡冷水或冰水。

③ 剝掉外皮、去除水分後，攪打成泥狀備用。

牛奶外交官鮮奶油

INGREDIENTS

牛奶卡士達★

牛奶	110g
馬斯卡彭乳酪	60g
鹽	0.5g
煉乳	10g
糖	28g
玉米澱粉	10g

■這個食譜為了提升牛奶的風味，沒有加入卡士達的主要成分「蛋」，但依然稱之為卡士達。

INGREDIENTS

牛奶外交官鮮奶油

鮮奶油	180g
牛奶利口酒	5g
牛奶卡士達★	全部

HOW TO MAKE

1. 在鍋中放入「牛奶卡士達」的所有材料，仔細將塊狀的馬斯卡彭壓開，直到混合均勻。
2. 加熱至約90℃，整體呈光滑。
3. 將完成的牛奶卡士達用保鮮膜緊密包覆，完全冷卻後放入冰箱。
4. 在調理盆中放入鮮奶油和牛奶利口酒，攪拌均勻。
   ■底下墊裝冰水的大碗，以免攪拌時升溫。
5. 打發至穩定的90%狀態。
6. 取出冷藏的牛奶卡士達，輕輕拌開。
7. 加入一半步驟5的打發鮮奶油混勻。
   ■混合到有光滑感即可，不要過度攪拌。
8. 再加入另一半打發鮮奶油混勻。（夾層鮮奶油、抹面鮮奶油）

組裝&裝飾

INGREDIENTS

全蛋法海綿蛋糕…P.41-43

小番茄
食用花朵
香草

HOW TO MAKE

1. 在轉盤的正中央，放三片切成1.5cm厚的蛋糕片。
2. 為了做出圓頂狀的蛋糕，用剪刀將最上層的蛋糕片邊緣修剪成圓弧。
3. 將三片蛋糕片疊在一起修整，確保整體形狀平整。
4. 接著在最底層的蛋糕片上，抹一層番茄草莓醬。

■番茄草莓醬在使用前，稍微攪拌均勻。

5. 接著塗抹一層牛奶外交官鮮奶油。

■如果覺得牛奶外交官鮮奶油太濃，也可以改將鮮奶油150g、糖13g、煉乳5g、馬斯卡彭尼乳酪20g，混合打發後使用。

6. 再放一片蛋糕，抹一層番茄草莓醬。
7. 接著再次塗抹一層牛奶鮮奶油。

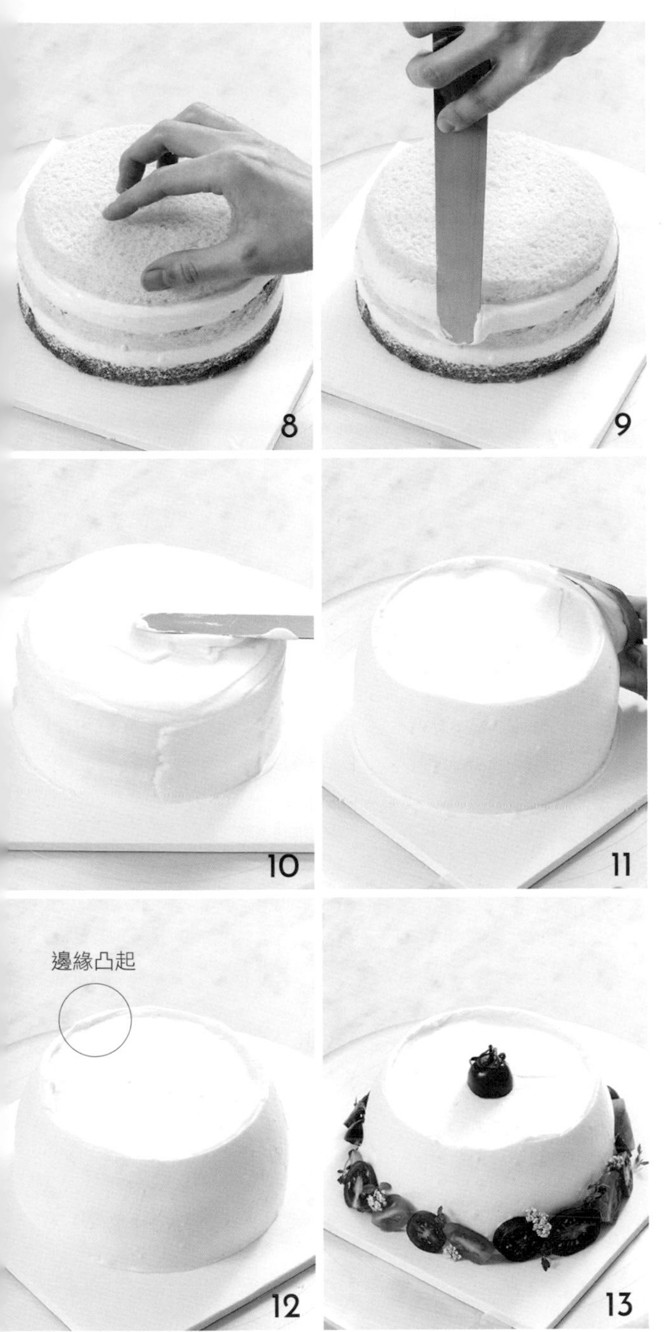

HOW TO MAKE

8. 對齊中間，疊上修剪成圓弧的蛋糕片。

9. 用抹刀輕輕修飾邊緣，再次確保形狀沒有歪掉。

10. 以牛奶外交官鮮奶油將整顆蛋糕抹面。

■ 想要製作出完美的圓頂，建議塗抹多一點鮮奶油。

11. 將刮板壓彎，把蛋糕側邊的抹面抹成圓弧狀。

12. 保留蛋糕邊緣凸起的鮮奶油，完成圓頂抹面。

13. 沿著蛋糕底的邊緣，以小番茄、食用花和香草裝飾，並在上方正中間放半顆小番茄即完成。

#7

APRICOT & COCONUT CAKE

杏桃椰香蛋糕

這款蛋糕結合了杏桃獨特的酸味及椰子的濃郁滑順。椰子本身就是一種非常迷人的食材，但我認為它的魅力不僅於此，更在於優秀的提味作用。雖然只是輔助，不過因為椰子的存在感很強烈，濃厚的風味、酸味和微妙的甜味平衡得恰到好處，所以即使是味道平淡的食材，也能夠因此變得更有分量感，而且彼此融合不突兀。

相反地，杏桃的酸味就比較難處理，通常會以果醬混合鮮奶油來使用。但在這裡我特意改用杏桃果泥，保留其特有的風味和口感，這樣在搭配椰子的時候，整體會更加一致和諧。

喜歡杏桃獨特酸味的人，這款蛋糕一定能讓你非常滿意。
但肯定也有不少人對酸味的接受度不高，
因此如果打算做成商業用途，為了拉近與大眾的距離，
可以嘗試將杏桃果泥替換為芒果果泥等甜味水果。
芒果和椰子的協調性無庸置疑，是不需要擔心的天造組合。

份量 *size*

直徑15cm、高度7cm
圓形蛋糕烤模1個

製作步驟 *process*

① 杏桃餡

② 椰子糖漿

③ 全蛋法海綿蛋糕＋切片

④ 杏桃鮮奶油

⑤ 椰子鮮奶油

⑥ 組裝＆裝飾

保存方式 *expiration date*

- 全蛋法海綿蛋糕
  ：室溫2天、冷凍2週

- 杏桃卡士達
  ：冷藏5天

杏桃外交官鮮奶油
：冷藏5天

- 椰子糖漿
  ：冷藏5天

- 椰子鮮奶油
  ：冷藏5天

- 完成的蛋糕
  ：冷藏5天

杏桃卡士達★

INGREDIENTS

糖	55g
玉米澱粉	8g
雞蛋	65g
杏桃果泥	70g
百香果泥	10g
無鹽奶油	10g

HOW TO MAKE

1. 將糖和玉米澱粉混合拌勻。
2. 雞蛋打入調理盆中，再與步驟1輕輕混合拌勻。
3. 將杏桃果泥和百香果泥加熱至40-50℃後，加入步驟2中拌勻。
4. 移到鍋中，加熱至87-90℃，過程中需不斷攪拌，以防黏底。
5. 加入奶油，用刮刀攪拌至融化，呈光滑狀態。
6. 過濾後用保鮮膜密封，迅速放入冰箱中冷卻。

杏桃外交官鮮奶油

INGREDIENTS

鮮奶油	80g
杏桃卡士達★	全部

HOW TO MAKE

1. 將鮮奶油放入調理盆中，以攪拌器打發至鮮奶油可以堆疊、不流動的狀態（90%）。

   ■ 底下墊一個裝冰水的大碗，以免攪拌時溫度上升。

2. 取出冷藏的杏桃餡，輕輕拌軟。
3. 將步驟1和步驟2混合拌勻。
4. 倒入裝有D6K花嘴的擠花袋中，冷藏保存。（裝飾鮮奶油）

椰子鮮奶油

INGREDIENTS

奶油乳酪	60g
糖	25g
煉乳	10g
鮮奶油	270g
椰子利口酒	12g

HOW TO MAKE

1. 在調理盆中加入奶油乳酪、糖、煉乳和1/3的鮮奶油，輕拌至順滑。

   ■底下墊一個裝冰水的大碗，以免攪拌時溫度上升。

2. 再加入1/3的鮮奶油，持續攪拌。
3. 加入剩餘的鮮奶油和椰子利口酒，繼續攪拌。
4. 打發至90%，鮮奶油呈不流動的穩定狀態。（夾層鮮奶油、抹面鮮奶油）

組裝&裝飾

INGREDIENTS

全蛋法海綿蛋糕…P.41-43

椰子糖漿

熱水	40g
糖	20g
椰子利口酒	5g

杏桃
薄荷

HOW TO MAKE

1. 在轉盤正中央放一片蛋糕，表面刷一層椰子糖漿。
   - 將蛋糕切成三片厚度約1.5cm的蛋糕片。
   - 水加糖煮溶後加入椰子利口酒拌勻，冷卻即為椰子糖漿。
2. 在蛋糕表面塗一層椰子鮮奶油，再放上切成適當大小的杏桃。
3. 再次塗抹椰子鮮奶油至蓋住杏桃。
4. 依序堆疊：蛋糕片→椰子糖漿→椰子鮮奶油→杏桃→椰子鮮奶油。
5. 最後再疊一片蛋糕片，並於表面刷上椰子糖漿。
6. 以椰子鮮奶油，將整顆蛋糕抹面。
7. 在蛋糕上方，以杏桃外交官鮮奶油由外往內繞圈擠花。
8. 再點綴少許切碎的杏桃和薄荷即可。

#8

PLUM CAKE

李子粉紅酒凍蛋糕

酸甜可口的李子，搭配甜美的玫瑰葡萄酒凍和果醬，完美平衡了整體口感。李子不僅有鮮豔的紅色、強烈的酸味，還有適中的甜度和清新的果汁，是非常適合用於蛋糕的水果之一。無論是使用新鮮水果，還是製作成果醬或果凍，都能與鮮奶油蛋糕完美融合，強烈建議大家在李子的季節裡嘗試看看。

盛產時期的李子，散發清爽的酸甜香氣，
和甜蜜的粉紅葡萄酒一同製成果凍，口感非常迷人。
但也由於果凍的含水量高，沒有確實凝固的話很容易化開，
因此在使用前，請務必確保果凍的凝固狀態。
製作完整的果凍夾層對初學者來說的難度偏高，
可以改將果凍凝固後切塊，擺放在蛋糕上作為裝飾。

份量 *size*

直徑15cm、高度7cm
圓形蛋糕烤模1個

製作步驟 *process*

① 李子粉紅酒果凍
■至少提前一天進行（冷藏11小時）

② 李子粉紅酒醬

③ 全蛋法海綿蛋糕＋切片

④ 馬斯卡彭鮮奶油

⑤ 組裝＆裝飾

保存方式 *expiration date*

- 全蛋法海綿蛋糕
：室溫2天、冷凍2週

- 李子粉紅酒果凍
：冷藏5天、冷凍2週

- 李子粉紅酒醬
：冷藏2週

- 馬斯卡彭鮮奶油
：冷藏5天

- 完成的蛋糕
：冷藏5天

李子粉紅酒果凍

INGREDIENTS

李子（切小塊）	80g
粉紅酒	120g
檸檬汁	8g
糖	45g
吉利丁塊	15g

HOW TO MAKE

1. 將直徑14cm慕斯圈的底部封保鮮膜，平鋪一層切小塊的李子。
   - ■可以改用直徑14cm的蛋糕模，或者換15cm的慕斯圈，再將邊緣切小。
   - ■粉紅酒建議挑選帶有甜度的種類。
2. 在鍋中加入粉紅酒、檸檬汁和糖，一邊攪拌一邊加熱。
3. 待糖完全溶解後熄火，冷卻至約60℃，再加入吉利丁塊並攪拌至溶化。
4. 倒入步驟1的慕斯圈中，冷藏至完全凝固再使用。

李子粉紅酒醬

INGREDIENTS

李子（切碎）	120g
粉紅酒	50g
檸檬汁	10g
糖A	50g
玉米糖漿	15g
糖B	3g
NH果膠	3g

HOW TO MAKE

1. 在鍋中加入切碎的李子、粉紅酒、檸檬汁、糖A、玉米糖漿，加熱至40-50℃。
2. 加入事先混合好的糖B和NH果膠，攪拌均勻。
3. 持續攪拌，加熱至85-90℃。
4. 放至冷卻，使用前再輕拌均勻即可。
   - ■如果不喜歡果粒的口感，可以用均質機打得更細緻。

馬斯卡彭鮮奶油

INGREDIENTS

馬斯卡彭乳酪	70g
糖	30g
鮮奶油	330g

HOW TO MAKE

1. 將馬斯卡彭和糖輕輕拌勻。
   ■ 底下墊一個裝冰水的大碗，以免攪拌時溫度上升。
2. 加入鮮奶油，用攪拌器以中低速打發。
3. 打發到80%，翻拌時鮮奶油尖端呈小彎勾狀態後，取出160g備用。（抹面鮮奶油）
4. 剩餘的鮮奶油繼續打發至90%，形狀穩定不流動的狀態。（夾層鮮奶油）

組裝＆裝飾

INGREDIENTS

全蛋法海綿蛋糕…P.41-43

李子
薄荷
食用花

HOW TO MAKE

1. 在轉盤中央放一片厚度1.5cm的蛋糕片，表面抹一層馬斯卡彭鮮奶油。
   ■蛋糕事先分切成一片厚度1.5cm、三片厚度1cm的蛋糕片。
2. 接著在中間擺上完全凝固的李子粉紅酒果凍片。
   ■果凍的尺寸不能超過蛋糕片（如過大需稍微修整）。
3. 再抹一層馬斯卡彭鮮奶油。
4. 放上一片厚度1cm的蛋糕片，再抹一層李子粉紅酒醬。
   ■保留蛋糕邊緣約0.5cm的空間不塗。
5. 抹上一層馬斯卡彭鮮奶油。
6. 依序堆疊：放上蛋糕片→抹李子粉紅酒醬→塗馬斯卡彭鮮奶油。
7. 最後再疊放一片蛋糕，以馬斯卡彭鮮奶油將整顆蛋糕抹面。
8. 在蛋糕邊緣放上切小塊的李子、少許薄荷及食用花裝飾。

JOYS_KITCHEN
CAKE

#9

SANGRIA CAKE

桑格利亞調酒蛋糕

這款散發浪漫優雅氛圍的蛋糕，是以西班牙水果調酒「桑格利亞」為靈感。以紅葡萄酒和柳橙熬煮出雅緻的色彩，除了可以品嘗到柳橙、無花果的果香與風味，還帶有淡淡的肉桂香氣，將調酒的迷人元素拆解並重組成這款美好的蛋糕。

我們在設計這款蛋糕時，希望能做出大眾接受度高的口味，
雖然是調酒的名字，卻是每個人都能夠品嘗的美味。
如果想要滋味更豐富，可以在煮紅酒漬柳橙時加入喜愛的香料，
也可以在製作桑格利亞鮮奶油時，將希臘優格換成馬斯卡彭乳酪。

份量 *size*

直徑15cm、高度7cm
圓形蛋糕烤模1個

製作步驟 *process*

① 紅酒漬柳橙

② 紅酒柳橙醬

③ 處理無花果

④ 全蛋法海綿蛋糕＋切片

⑤ 桑格利亞鮮奶油

⑥ 組裝＆抹面

⑦ 紅酒凍

⑧ 裝飾

保存方式 *expiration date*

- 全蛋法海綿蛋糕
  ：室溫2天、冷凍2週
- 紅酒柳橙醬
  ：冷藏2週
- 紅酒漬柳橙
  ：冷藏2個月
- 桑格利亞鮮奶油
  ：冷藏5天
- 紅酒凍
  ：冷藏1個月
- 完成的蛋糕
  ：冷藏5天

1

2

1

2

1

2

3-1

3-2

紅酒漬柳橙 – 可製作2個蛋糕

INGREDIENTS

柳橙果肉	150g	蘋果汁	30g
無花果	70g	紅酒	50g
柳橙皮屑	1g	肉桂棒	1/2根
糖	60g		
蜂蜜	20g		

1. 將所有材料放入鍋中，攪拌加熱。
2. 當整體濃稠，但舀起時尚能流下來的狀態後，離火放涼備用。
   - 如果覺得果肉太大，冷卻後可以使用均質機打碎。
   - 完成後預先取出80g組裝時夾餡用。

紅酒柳橙醬★

紅酒	100g	蜂蜜	15g
柳橙汁	100g	糖	65g

1. 將所有材料放入鍋中，邊攪拌邊加熱。
2. 當以刮刀刮過底部會清楚露出鍋底，但又立即恢復原狀的濃稠度時，離火放涼備用。

桑格利亞鮮奶油

INGREDIENTS

鮮奶油	330g
希臘優格	90g
糖	25g
紅酒柳橙醬★	48g

HOW TO MAKE

1. 在調理盆中放入鮮奶油、希臘優格和糖，以攪拌器攪拌。
   - 底下墊一個裝冰水的大碗，以免攪拌時溫度上升。
2. 打發至約60%，然後加入紅酒柳橙醬，繼續攪拌。
3. 打發至約85%，鮮奶油尖端呈現短短的小彎勾。（夾層鮮奶油、抹面鮮奶油）

組裝&裝飾

INGREDIENTS

全蛋法海綿蛋糕…P.41-43

紅酒凍

紅酒	30g
鏡面果膠	15g

無花果（切片）
乾燥玫瑰花瓣（花茶用）
鏡面果膠

HOW TO MAKE

1. 將蛋糕底盤放在轉盤中間，先放一片1cm的蛋糕片，再鋪40g紅酒漬柳橙。
   - 事先將海綿蛋糕分切成五片1cm厚的蛋糕片。
2. 抹一層桑格利亞鮮奶油。
3. 再放一片蛋糕，並抹上一層桑格利亞鮮奶油。
4. 鋪上切片的無花果。
   - 清洗無花果時，如果從底部的裂縫沖洗，中間的果肉容易被沖走，味道也容易流失。因此最好握住蒂頭迅速沖洗擦乾。較熟的無花果可以先浸泡醋水，再用紗布擦拭表面。
5. 抹一層桑格利亞鮮奶油。
6. 依序堆疊兩次：蛋糕片→紅酒漬柳橙40g→桑格利亞鮮奶油。然後堆疊：蛋糕片→桑格利亞鮮奶油→無花果→桑格利亞鮮奶油。
7. 最後再疊放一片蛋糕。
8. 以桑格利亞鮮奶油將整顆蛋糕抹面。

HOW TO MAKE

9. 保留蛋糕邊緣凸起的鮮奶油，不用抹平，看起來更有層次感。

10. 混合紅酒和鏡面果膠，製成紅酒凍。

■ 先將鏡面果膠充分攪拌，再混合紅酒。

11. 將蛋糕冷藏降溫到3-4℃後，從中間倒入33-34℃的紅酒凍。

12. 用迷你L形刮刀，將紅酒凍鋪平開來。

13. 放上少許乾燥玫瑰花瓣，再滴幾滴鏡面果膠裝飾，表現出水珠的效果。

#10

EARL GREY & ORANGE CAKE

香橙伯爵茶蛋糕

這是一款結合茶香與果香的豐富蛋糕。伯爵茶是很好用的元素，稍微斟酌香氣和味道的和諧，就能讓整體風味更高雅。至於襯托伯爵茶的水果，我自信推出了柳橙來應對！以白巧克力突顯清爽的伯爵茶，同時隱約品嘗到柳橙的酸甜，各種滋味在口腔中完美融合。

伯爵茶根據搭配的食材，展現的風貌也截然不同。
因此在決定製作伯爵茶蛋糕後，我們針對第二主角思考了許久，
最終在柳橙與栗子間陷入掙扎，才由柳橙脫穎而出。
如果你也想要試試看伯爵茶與栗子的組合，
可以改將配方中的白巧克力，換成牛奶巧克力或黑巧克力。
牛奶巧克力我喜歡用法芙娜的JIVARA 40%或CARAMELIA 36%。

份量 *size*

直徑15cm、高度7cm
圓形蛋糕烤模1個

製作步驟 *process*

① 伯爵茶鮮奶油

② 伯爵茶柳橙糖漿

③ 全蛋法海綿蛋糕＋切片

④ 打發伯爵茶鮮奶油

⑤ 組裝＆裝飾

保存方式 *expiration date*

- 全蛋法海綿蛋糕
  ：室溫2天、冷藏5天
- 伯爵茶鮮奶油（未打發）
  ：冷藏5天
- 伯爵茶柳橙糖漿
  ：冷藏1週
- 完成的蛋糕
  ： 冷藏5天

伯爵茶鮮奶油

INGREDIENTS

伯爵茶葉	8g
溫水	20g
鮮奶油A	40g
白巧克力 （VALRHONA OPALYS 33%）	70g
鮮奶油B	330g
柳橙利口酒	12g

HOW TO MAKE

1. 在碗中放入伯爵茶葉，沖入溫水（70-75℃）浸泡。
2. 伯爵茶與鮮奶油A混合後，冷藏2天靜置入味。
3. 用篩網過濾，去除伯爵茶葉。
4. 將鮮奶油B加熱至80℃，分兩次加入融化白巧克力（50℃）中混勻，將溫度調整至55-60℃。
5. 混合步驟3和4，加入柳橙利口酒拌勻。
6. 用保鮮膜封緊後，放冰箱冷藏6小時。
7. 取出冷藏的伯爵茶鮮奶油，打發至80%。（抹面鮮奶油）

■底下墊一個裝冰水的大碗，以免攪拌時溫度上升。

8-1

8-2

HOW TO MAKE

8. 取出240-250g，打發至形狀穩定且不會流動（90%）。（夾層鮮奶油）

伯爵茶柳橙糖漿

INGREDIENTS

水	50g
糖	25g
柳橙果乾片	2片
伯爵茶葉	2g

HOW TO MAKE

1. 在鍋中放入水、糖和柳橙果乾片，加熱至糖完全溶解。
2. 糖溶解後熄火，加入伯爵茶葉，浸泡至少30分鐘。
   ■伯爵茶葉浸泡越久，香氣會變得越濃郁。
3. 過濾出茶葉後備用。
   ■也可以使用伯爵茶包。
   ■此處完成的糖漿量剛好可用於一個蛋糕。

1

2

3-1

3-2

1

2

3

4

5

6-1

6-2

組裝＆裝飾

INGREDIENTS

全蛋法海綿蛋糕…P.41-43

柳橙果乾片
食用花朵
香草

HOW TO MAKE

1. 在轉盤正中央放一片蛋糕，刷一層伯爵茶柳橙糖漿。
   ■先將海綿蛋糕切成五片1cm厚蛋糕片。
2. 抹上伯爵茶鮮奶油。
3. 依序重複三次：放蛋糕片→刷伯爵茶柳橙糖漿→抹伯爵茶鮮奶油。
4. 最後再疊放一片蛋糕，並刷上伯爵茶柳橙糖漿。
5. 以伯爵茶鮮奶油，將整顆蛋糕抹面。
6. 在蛋糕上等距放少許柳橙片、食用花、香草裝飾即完成。

#11

VANILLA & TATIN CAKE

香草蘋果翻轉蛋糕

蘋果雖然也有時令之分，但如果不論品種，四季都能見其蹤影，也是我很喜愛的材料之一。不但本身好吃，透過高溫蒸發水分後，也能保持爽脆的口感，帶來迷人的香氣，很適合做成蛋糕。在這款蛋糕中，以深醇的紅糖和香草來搭配，讓清爽的蘋果也能展現令人印象深刻的濃郁。

製作果凍時混合吉利丁和吉利T，可以結合兩種材料的優點。
吉利丁柔軟但不容易做得漂亮，而且略帶腥味，
吉利T能夠增添硬度，但因為要在高溫中操作，容易讓鮮奶油溶化。
兩者一起使用可以獲得口感、降低雜味，同時解決溫度問題，
但也由於兩種凝固劑的反應溫度和凝固時間不同，
如果不好掌握，可以先單使用吉利T或吉利丁來製作。

份量 *size*

直徑15cm、高度7cm
圓形蛋糕烤模1個

製作步驟 *process*

① 香草甘納許鮮奶油

② 香草蜜漬蘋果片

③ 香草糖漿

④ 全蛋法海綿蛋糕＋切片

⑤ 打發香草甘納許鮮奶油

⑥ 組裝＆抹面

⑦ 香草蜜蘋果凍

⑧ 裝飾

保存方式 *expiration date*

- 全蛋法海綿蛋糕
：室溫2天、冷凍2週

- 香草甘納許鮮奶油
：冷藏5天

- 香草糖漿
：冷藏1週

- 香草蜜蘋果凍
：冷藏2週

- 完成的蛋糕
：冷藏5天

香草甘納許鮮奶油

INGREDIENTS

白巧克力 （VALRHONA OPALYS 33%）	50 g
香草莢 （馬達加斯加產）	1/4根
香草莢 （大溪地產）	1/4根
鮮奶油 A	45g
鮮奶油 B	300g
煉乳	15g
糖	16g
馬斯卡彭乳酪	50g

HOW TO MAKE

1. 在融化的白巧克力（50℃）中，加入兩種香草籽，再分兩次加入加熱的鮮奶油A（80℃）拌勻，使溫度降到55-60℃。

   ■香草莢切開外殼，以刀背刮出籽使用。

2. 加入鮮奶油 B拌勻。
3. 用保鮮膜封緊後，冷藏至少6小時。
4. 取出後，加入煉乳、糖和馬斯卡彭乳酪打發。

   ■底下墊一個裝冰水的大碗，以免攪拌時溫度上升。

5. 將鮮奶油打發至80%。（夾層鮮奶油、抹面鮮奶油）

   ■鮮奶油不要打到太硬，以免不好抹面。

香草蜜漬蘋果片

INGREDIENTS

蘋果（切片）	170g
紅糖	30g
肉桂粉	少許
檸檬汁	8g
香草利口酒	15g

HOW TO MAKE

1. 在鍋中放入蘋果片、紅糖、肉桂粉和檸檬汁加熱。

   ■蘋果切成約0.3cm厚的片狀。

2. 用刮刀一邊攪拌一邊加熱。
3. 煮到水分收乾後關火，加入香草利口酒拌勻。
4. 放至完全冷卻後使用。

香草蜜蘋果凍

INGREDIENTS

材料	份量	材料	份量
蘋果汁	50g	糖 B	3g
紅糖	30g	吉利T粉	3g
糖 A	20g	吉利丁塊	20g
玉米糖漿	28g	香草利口酒	8g
檸檬汁	5g		

HOW TO MAKE

1. 在鍋中加入蘋果汁、紅糖、糖A、玉米糖漿、檸檬汁，加熱至40-50℃。
2. 加入混勻的糖B和吉利T粉，加熱至85℃。
3. 關火冷卻到60℃後，加入吉利丁塊，攪拌至溶解。
4. 加香草利口酒拌勻，冷卻至6 7℃。

   ■此處的溫度必須精準掌握，以免果凍無法凝固。

組裝&裝飾

INGREDIENTS

全蛋法海綿蛋糕…P.41-43

香草糖漿

水	40g
紅糖	20g
香草利口酒	3g

HOW TO MAKE

1. 在轉盤中央放一片蛋糕片，表面刷香草糖漿。
   - ■先將海綿蛋糕切成五片1cm厚蛋糕片。
   - ■將水和紅糖煮沸後，加入香草利口酒拌勻放涼，即為香草糖漿。
2. 塗上香草甘納許鮮奶油。
3. 依序重複三次：放蛋糕片→刷香草糖漿→塗香草甘納許奶油，最後再疊上一片蛋糕片。
4. 表面刷一層香草糖漿。
5. 以香草甘納許鮮奶油將整顆蛋糕抹面。
6. 在蛋糕側面圍一圈9cm高的蛋糕圍邊。
   - ■圍邊的高度要比蛋糕略高。
7. 從蛋糕的最外圍開始，一圈一圈擺放香草蜜漬蘋果片。
8. 將降溫至6-7℃的香草蜜蘋果凍，從蛋糕上方倒入至圍邊高度後，放入冰箱冷凍凝固。
   - ■如果希望蘋果或果凍的味道更明顯，可以改用4片蛋糕片製作，降低蛋糕與鮮奶油的比例（此時圍邊高度8cm即可）。

兩種口感的蜜漬蘋果片

書中的蜜漬蘋果作法，保留了我喜歡的蘋果脆口感。喜歡柔軟蘋果的人，可以將蜜漬蘋果片放入預熱至160℃的烤箱烤約7分鐘，再放涼使用。兩種方式依照自己喜歡的口感挑選即可。

#12

MAPLE & WALNUT CAKE

楓糖核桃蛋糕

楓糖與堅果聽起來很秋天，但做成蛋糕後卻散發春日煦煦陽光般的愉悅。結合了淡淡甜味楓糖漿的酥脆核桃、柔滑的核桃鮮奶油、香醇的楓糖核桃甘納許，最後再以核桃利口酒點綴，品嘗時每一層的香氣都彷彿讓人融化般舒暢。

這款蛋糕著重於入口的柔順溫和，不把重點放在堅果的濃郁上。
但如果希望強調堅果，可以將核桃換成味道更鮮明的胡桃。

份量 *size*

直徑15cm、高度7cm
圓形蛋糕烤模1個

製作步驟 *process*

① 楓糖核桃脆片

② 全蛋法海綿蛋糕＋切片

③ 核桃香濃鮮奶油

④ 組裝＆抹面

⑤ 楓糖核桃甘納許

⑥ 裝飾

保存方式 *expiration date*

- 楓糖核桃脆片
  ：室溫2週
  ■放在密封容器中，加入乾燥劑保存。

- 楓糖核桃甘納許
  ：冷藏1週

- 核桃香濃鮮奶油
  ：冷藏5天

- 完成的蛋糕
  ：冷藏5天

楓糖核桃脆片★

INGREDIENTS

烘烤核桃碎	100g
楓糖漿	150g
鹽	少許

HOW TO MAKE

1. 在鍋中加入所有材料，邊攪拌邊加熱。
2. 開始冒泡後，繼續煮沸約2分鐘。
3. 關火，靜置至少1小時。
4. 將步驟3平鋪在墊有烘焙紙的烤盤上，放入預熱至170℃的烤箱烤5-7分鐘。
5. 烤好後，取其中80g脆片稍微敲成小塊狀，備用。

   ■之後會用於夾層和裝飾。
6. 其餘搗碎，用於製作楓糖核桃甘納許。

楓糖核桃甘納許

INGREDIENTS

白巧克力 （VALRHONA IVOIRE 35%）	40g
鮮奶油	30g
楓糖核桃脆片★	15g
核桃利口酒	3g

HOW TO MAKE

1. 將融化的白巧克力（50℃）與加熱過的鮮奶油（80℃）拌勻。
2. 加入搗碎的楓糖核桃脆片和核桃利口酒，攪拌均勻。
3. 降溫至28℃後即可使用。

核桃鮮奶油

INGREDIENTS

馬斯卡彭乳酪	60g
煉乳	40g
鮮奶油	260g
核桃利口酒	13g
糖	15g

HOW TO MAKE

1. 將所有材料放入調理盆中攪拌。
   ■底下墊一個裝冰水的大碗，以免攪拌時溫度上升。
2. 將鮮奶油打發至80%，取出140g。（抹面鮮奶油）
3. 其餘鮮奶油繼續打發至90%，不會流動的狀態。（夾層鮮奶油）

組裝 & 裝飾

全蛋法海綿蛋糕…P.41-43

HOW TO MAKE

1. 在轉盤中間放一片1cm厚的蛋糕片，表面塗一層核桃鮮奶油。
   - ■事先將海綿蛋糕切成五片1cm厚度的蛋糕片。
2. 均勻鋪上敲成小塊狀的楓糖核桃脆片。
   - ■先取出少許脆片備用，之後裝飾會用到。
3. 接著抹上核桃鮮奶油至完全覆蓋楓糖核桃脆片。
4. 依序重複三次相同步驟：放蛋糕片→抹核桃鮮奶油。
5. 最後再疊上一片蛋糕片。
6. 以核桃鮮奶油，將整顆蛋糕抹面後，放入冰箱降溫至3-4℃。
   - ■蛋糕上方的邊緣不需要抹平，保留一點深度倒甘納許。
7. 取出3-4℃的蛋糕後，從上方均勻倒入楓糖核桃甘納許（28℃）。
8. 冷藏凝固後，再以楓糖核桃脆片裝飾。

#13

MAMMOTH CAKE

猛瑪蛋糕

這款蛋糕的靈感，來自韓國一種塗滿奶油和果醬的「猛瑪麵包」。吃過這款街頭麵包的人，可能會猶豫該用草莓還是藍莓果醬來製作，當然草莓也很好吃，但出於個人對酸度的熱愛，我毫不猶豫決定藍莓果醬。這款蛋糕完全是按照我的喜好設計，無可挑剔的藍莓和紅豆餡組合。紅豆餡不僅適合搭配水果，和根莖類、堅果等也合作無間，著實是一種多功能的食材。此外，猛瑪蛋糕中的各層次，都可以依據個人的口味調整，但請千萬不要錯過酥鬆脆香的杏仁粉酥菠蘿，香氣與口感絕對讓人欲罷不能。

此款蛋糕的層次豐富，塗抹的順序也非常重要。
紅豆的甜順、奶油乳酪的濃郁、豌豆的清香及藍莓黑醋栗的酸爽，
交互融合後帶來豐富卻和諧的口腔感受，
再加上酥菠蘿與栗子的口感變化，每一口都充滿驚喜！

份量 *size*

直徑15cm、高度7cm
圓形蛋糕烤模1個

製作步驟 *process*

① 藍莓黑醋栗醬（請參考P.72）

② 杏仁酥菠蘿

③ 酥菠蘿海綿蛋糕

④ 豌豆鮮奶油、紅豆鮮奶油

⑤ 乳酪煉乳鮮奶油

⑥ 組裝＆裝飾

保存方式 *expiration date*

- 酥菠蘿海綿蛋糕
  ：室溫2天、冷凍2週
- 杏仁酥菠蘿
  ：冷藏3天、冷凍1個月
- 豌豆鮮奶油、紅豆鮮奶油
  ：冷藏5天
  ■市售豌豆餡、紅豆餡約可冷藏1個月或冷凍6個月，實際情況以產品標示為主。
- 乳酪煉乳鮮奶油
  ：打發前冷藏5天
  打發後當天使用
- 藍莓黑醋栗醬
  ：冷藏2個月
  ■如果加熱過程中水分蒸發較少，留下的水分較多，保存期限也會縮短。
- 完成的蛋糕
  ：冷藏5天

杏仁酥菠蘿★ -此份量約可製作5-6個蛋糕

INGREDIENTS

無鹽奶油	42g
黃糖	32g
砂糖	32g
杏仁粉	25g
低筋麵粉	60g
鹽	少許

1. 將所有材料放入食物處理機中充分攪拌均勻。
2. 直到變成顆粒狀即可。

豌豆鮮奶油

豌豆餡（市售）	60g
鮮奶油	30g

將所有材料放入調理盆中，攪拌至均勻滑順即可。

紅豆鮮奶油

紅豆餡（市售）	60g
鮮奶油	30g

將所有材料放入調理盆中，攪拌至均勻滑順即可。

乳酪煉乳鮮奶油

奶油乳酪	50g
糖	20g
煉乳	10g
鮮奶油	200g

將所有材料放入調理盆中，使用中速攪拌至90%，鮮奶油形狀穩固、不會流動的程度。（夾層鮮奶油）

■底下墊一個裝冰水的大碗，以免攪拌時升溫。

酥菠蘿海綿蛋糕

INGREDIENTS

全蛋	115g
蛋黃	17g
糖	100g
低筋麵粉	80g
無鹽奶油	20g
牛奶	30g
杏仁酥菠蘿★	

HOW TO MAKE

1. 調理盆中加入全蛋和蛋黃，輕輕拌勻。
2. 加入糖，用攪拌器以中速打發。
3. 打發至將蛋糊滴在表面後，會停留約3秒鐘才消失的狀態時，停止攪拌。
4. 加入過篩的麵粉，從底部往上翻拌，直到麵糊變得光滑，沒有顆粒狀。
5. 將奶油和牛奶加熱至約55℃，先與部分麵糊混勻。
6. 接著再將混勻的麵糊（46-47℃）倒回剩餘麵糊中，迅速從底部翻拌均勻。
7. 倒入已鋪好烘焙紙的烤模中。
8. 在麵糊表面均勻撒上杏仁酥菠蘿。放入預熱至170℃的烤箱中，以160℃烤32-33分鐘。

■杏仁酥波蘿的用量可根據個人喜好增減。

■烤好後，先將模具底部在桌面上敲幾下，釋放內部熱氣，然後再脱模，放在鋪有烘焙紙的架上冷卻。

■如果當天要食用，可以烤30分鐘就好，使蛋糕質地更加柔軟。

組裝&裝飾

INGREDIENTS

藍莓黑醋栗醬（P.72）	50g
糖漬栗子	100g

HOW TO MAKE

1. 在轉盤中央放一片蛋糕片，表面抹一層藍莓黑醋栗醬。
   ■先將酥菠蘿海綿蛋糕切成三片1.5cm厚的蛋糕片。
2. 接著再抹一層乳酪煉乳鮮奶油。
3. 放上切小塊的糖漬栗子。
   ■糖漬栗子切成約1cm大小。
   ■可以根據個人口味改用烤地瓜。
4. 再抹上一層乳酪煉乳鮮奶油。
5. 取另一片蛋糕片，表面塗豌豆鮮奶油。
6. 將步驟4和步驟5的蛋糕片組合在一起。
7. 接著再塗抹一層乳酪煉乳鮮奶油。
8. 擺放切小塊的糖漬栗子。

HOW TO MAKE

9. 再抹一層乳酪煉乳鮮奶油。

10. 取最後一片蛋糕片，在內側（沒有酥菠蘿的那面）塗上紅豆鮮奶油。

11. 將步驟10的紅豆蛋糕片，蓋到步驟9的蛋糕上，稍微壓緊。

12. 在周圍繞一圈高9cm的圍邊即完成。

#14

MUSCOVADO GANGJEONG CRUMBLE CAKE

黑糖豆粉脆米餅蛋糕

有一段時間，韓國很流行黑糖豆粉的甜點。我當時做了一款豆粉蛋糕搭配黑糖鮮奶油，口味樸實，卻越吃越香，意外受到許多顧客喜愛。後來我在不斷研究新食譜的過程中，將蛋糕做了升級，加入脆口的糖脆米餅，改用黑糖豆粉鮮奶油，讓味道更濃郁有層次。此外，蛋糕體中也加入了黑糖增添香氣，整體更加濕潤軟綿。

黑糖具有吸水之後容易結塊的特性，
因此在製作蛋糕或黑糖混合液時，要確保黑糖確實融化。

份量 *size*

直徑15cm、高度7cm
圓形蛋糕烤模1個

製作步驟 *process*

① 黑糖混合液

② 紅糖漿

③ 糖脆米餅

④ 黑糖豆粉蛋糕＋切片

⑤ 榛果巧克力醬

⑥ 黑糖豆粉鮮奶油

⑦ 組裝＆裝飾

保存方式 *expiration date*

- 黑糖豆粉蛋糕
  ：常溫2天、冷凍1週
- 黑糖混合液
  ：冷藏1個月
- 紅糖漿
  ：冷藏1週
- 糖脆米餅
  ：常溫2週（雨季3天）
  ■請與乾燥劑一起密封在容器中保存。
- 黑糖豆粉鮮奶油
  ：冷藏5天
- 完成的蛋糕
  ：冷藏3天
  ■由於豆粉含量高，蛋糕的外觀和口感會隨著時間變化，建議在2天內食用完畢，不要超過3天。

黑糖混合液★

INGREDIENTS

黑糖	40g
紅糖	10g
鮮奶油	40g
香草籽	少許

HOW TO MAKE

將所有材料放入鍋中，加熱至108℃後，放冷備用。

■避免加熱到110℃以上，會變得難以打發。

黑糖豆粉鮮奶油

INGREDIENTS

馬斯卡彭乳酪	50g
糖	26g
黑糖混合液★	24g
鮮奶油	260g
黃豆粉	30g

HOW TO MAKE

1. 將馬斯卡彭乳酪、糖、黑糖混合液和部分鮮奶油放入調理盆中拌勻。

   ■底下墊一個裝冰水的大碗，以免攪拌溫度上升。

2. 加入剩餘的鮮奶油、黃豆粉，以攪拌器打發。

3. 打發至80%後，先取出一半（抹面鮮奶油）。另一半繼續打發至90%，鮮奶油形狀穩定、不會流動的程度（夾層鮮奶油）。

   ■加入黃豆粉後，打發時鮮奶油會膨脹得比較快，請小心操作。

黑糖豆粉蛋糕

INGREDIENTS

全蛋	145g
蛋黃	18g
黑糖	65g
紅糖	35g
低筋麵粉	65g
黃豆粉	10g
牛奶	20g
無鹽奶油	23g
麥芽糖	8g

HOW TO MAKE

1. 在調理盆中放入全蛋和蛋黃拌勻。
2. 加入黑糖和紅糖，均勻攪拌。
   ■ 確保糖塊完全溶解。
3. 以中速打發至泡沫綿密。
4. 打發到蛋糊滴落在表面上時，會稍微停留再消失的程度。
5. 加入過篩的麵粉和黃豆粉，用刮刀從底部往上翻拌均勻。
6. 將加熱到55℃的牛奶和奶油、麥芽糖，先與部分麵糊混合。
7. 接著再倒回剩餘的麵糊中，快速從底部往上翻拌。
8. 將麵糊倒入鋪有烘焙紙的烤模中，放入預熱至170℃的烤箱，以160℃烤28-30分鐘。

榛果巧克力醬

INGREDIENTS

榛果醬	25g
牛奶巧克力 （VALRHONA JIVARA 40%）	15g
無鹽奶油	5g
可可巴芮小脆片	12g

HOW TO MAKE

1. 將榛果醬、牛奶巧克力和奶油，一起加熱至融化。
2. 加入可可巴芮小脆片拌勻，降溫至28-30℃後使用。

糖脆米餅 -可製作2個蛋糕的量

INGREDIENTS

食用油	16g
麥芽糖	50g
紅糖	15g
糙米花	50g
可可巴芮小脆片	20g
可可碎粒	10g

HOW TO MAKE

1. 在鍋中加入食用油、麥芽糖和紅糖，加熱至糖完全溶解。
2. 關火，加入糙米花、可可巴芮小脆片和可可碎粒，攪拌均勻。

   ■用黑芝麻代替可可碎粒的口感也很好。
3. 倒入鋪有烘焙紙的烤盤中，用刮刀均勻鋪平。
4. 放入預熱至160℃的烤箱烤8-10分鐘，放涼後敲碎備用。

組裝&裝飾

INGREDIENTS

紅糖漿

水	20g
紅糖	10g
蘭姆酒	2g

黃豆粉

HOW TO MAKE

1. 在轉盤正中央放一片蛋糕，表層刷一層紅糖漿。
   - ■事先將黑糖豆粉蛋糕切成三片1.5cm厚度的蛋糕片。
   - ■將紅糖和水加熱到糖溶解，加入蘭姆酒拌勻，冷卻後即為紅糖漿。
2. 接著抹一層榛果巧克力醬。
   - ■榛果巧克力醬最適合的操作溫度為28-30℃。
3. 抹上黑糖豆粉鮮奶油。
4. 依序放蛋糕片、刷紅糖漿、抹黑糖豆粉鮮奶油。
5. 再放一片蛋糕，並刷上紅糖漿。
6. 以黑糖豆粉鮮奶油，將整顆蛋糕抹面。
7. 用篩網在蛋糕表面撒黃豆粉。
8. 在蛋糕上方均勻擺入糖脆米餅，再撒上黃豆粉即完成。
   - ■也可以先分切蛋糕後，再撒糖脆米餅和黃豆粉。

JOYS_KITCHEN
CAKE

#15

MUSCOVADO & RUM & CHESTNUT CAKE

黑糖蒙布朗蛋糕

我特別喜歡蛋糕中的蒙布朗，尤其是入口後蘭姆酒瀰漫在口中的尾韻。這款蛋糕中也特別加入了Negrita蘭姆酒，做成大人的風味。儘管如此，加入溫潤的栗子後，味道完全不會過於濃烈，依然是一款適合日常享用的美味蛋糕，維持著「Joy's Kitchen」始終的初心。

這款蛋糕中包含黑醋栗、黑糖、蘭姆酒、栗子等味道強烈的元素。
我們透過使用馬斯卡彭乳酪，讓強烈的風味和質感變得柔順溫和，
當然，如果馬斯卡彭乳酪的味道太濃烈，也可能影響蛋糕的整體平衡，
因此選擇味道清新的馬斯卡彭乳酪是重要關鍵。

份量 *size*

直徑15cm、高度7cm
圓形蛋糕烤模1個

製作步驟 *process*

① 藍莓黑醋栗醬（請參考P.72）

② 黑糖混合液（請參考P.152）

③ 黑糖豆粉蛋糕（請參考P.153）

④ 蘭姆酒鮮奶油

⑤ 馬斯卡彭鮮奶油

⑥ 栗子鮮奶油

⑦ 組裝＆裝飾

保存方式 *expiration date*

- 黑糖豆粉蛋糕
  ：室溫2天，冷凍1週
  ■雖可存放，但黑糖容易吸收水氣，建議當天食用完畢。

- 藍莓黑醋栗醬
  ：冷藏2個月
  ■如果加熱過程中水分蒸發較少，留下水分較多，保存期限也會縮短。

- 黑糖混合液
  ：冷藏1個月

- 蘭姆酒鮮奶油
  ：冷藏5天

- 栗子鮮奶油
  ：冷藏5天

- 完成的蛋糕
  ：冷藏5天

蘭姆酒鮮奶油

INGREDIENTS

黑糖混合液（P.152）	40g
馬斯卡彭乳酪	30g
栗子醬	40g
糖	8g
鮮奶油	260g
Negrita蘭姆酒	7g

HOW TO MAKE

1. 在調理盆中放入黑糖混合液、馬斯卡彭乳酪、栗子醬和糖，稍微拌勻。
   ■栗子醬攪拌至完全融化，沒有結塊。
2. 加入鮮奶油和蘭姆酒，開始打發。
   ■底下墊一個裝冰水的大碗，以免攪拌時溫度上升。
3. 打發鮮奶油至85%。（夾層鮮奶油、抹面鮮奶油）
   ■加入栗子醬的抹面鮮奶油，需要打發得稍微扎實。

馬斯卡彭鮮奶油

INGREDIENTS

鮮奶油	150g
馬斯卡彭乳酪	30g
糖	15g

1. 將所有材料放入調理盆中，開始打發。
   ■底下墊一個裝冰水的大碗，以免攪拌時溫度上升。
2. 打發鮮奶油至85%。（夾層鮮奶油）

栗子鮮奶油

INGREDIENTS

栗子醬	80g
鮮奶油	30g
無鹽奶油	35g
鹽	少許
Negrita蘭姆酒	5g

HOW TO MAKE

1. 在調理盆中放入栗子醬和鮮奶油拌勻。
   - ■栗子醬和奶油先放置室溫，減少打發時間，以免降低風味或打發失敗。
2. 加入室溫軟化的奶油和鹽，攪拌均勻。
3. 加入蘭姆酒拌勻。
4. 填入裝有234號花嘴的擠花袋中，冷藏保存。（裝飾鮮奶油）

組裝＆裝飾

INGREDIENTS

黑糖豆粉蛋糕…P.153

藍莓黑醋栗醬（P.72） 70g
糖漬栗子 100g

糖漬栗子
薄荷
食用金箔

HOW TO MAKE

1. 在轉盤中央放一片1.5cm厚的蛋糕，並塗抹一半的藍莓黑醋栗醬。
   - ■事先將黑糖豆粉蛋糕分切成一片1.5cm厚、三片1cm厚的蛋糕片。
   - ■塗抹藍莓黑醋栗醬時，保留邊緣約0.5cm不塗，以免抹面時溢出。
2. 接著塗抹一層馬斯卡彭鮮奶油。
3. 放上切成1-2cm大小的栗子粒。
4. 塗抹馬斯卡彭鮮奶油。
5. 放一片1cm厚的蛋糕，再抹上蘭姆酒鮮奶油。
6. 再放一片1cm厚的蛋糕，塗抹剩下的藍莓黑醋栗醬。
7. 再抹一層馬斯卡彭鮮奶油。
8. 放上切小塊的栗子粒。

HOW TO MAKE

9. 抹一層馬斯卡彭鮮奶油。
10. 再疊上最後一片蛋糕。
11. 用蘭姆酒鮮奶油，將整顆蛋糕抹面。
12. 取出冷藏的栗子鮮奶油，從蛋糕邊緣往中間一圈圈擠上去。
    ■ 製作栗子鮮奶油時，讓質地柔順不結塊，擠出來才漂亮。
13. 使用糖漬栗子、薄荷和食用金箔，點綴在對稱角裝飾。

#16

BLACK SESAME & CAFE CAKE

黑芝麻拿鐵蛋糕

幾年前我在江原道一家以黑芝麻拿鐵聞名的咖啡廳裡，初次品嘗了它們的招牌飲品。適口的舒適溫度，逐漸擴散的濃濃堅果香氣與奶香，讓我一喝就傾心。黑芝麻、牛奶、濃縮咖啡，我以構成黑芝麻拿鐵的三元素為靈感，設計出這款蛋糕。每個細節都藏有我盡心完成的巧思，是我的自信之作。

這款蛋糕中間夾著咖啡甘納許，味道和質地都令人心動。
如果想要更強調咖啡的香氣，或者更好操作，
可以將咖啡糖漿替換成咖啡酒糖液（P.260）。
不過還是建議先按照原始食譜試做一次，再進行調整。

份量 *size*

直徑15cm、高度7cm
圓形蛋糕烤模1個

製作步驟 *process*

① 芝麻脆片

② 咖啡糖漿

③ 咖啡甘納許

④ 咖啡海綿蛋糕

⑤ 牛奶鮮奶油、黑芝麻鮮奶油

⑥ 組裝&裝飾

保存方式 *expiration date*

- 咖啡海綿蛋糕
  ：室溫2天、冷凍2週

- 芝麻脆片
  ：室溫2週
  ■與乾燥劑一同存放在密封容器中。

- 咖啡糖漿
  ：冷藏1週

- 咖啡甘納許
  ：冷藏1週

- 牛奶鮮奶油、黑芝麻鮮奶油
  ：冷藏5天

- 完成的蛋糕
  ：冷藏5天

芝麻脆片

INGREDIENTS

玉米糖漿	15g
無鹽奶油	30g
牛奶	18g
糖	30g
黑芝麻	18g
低筋麵粉	5g

HOW TO MAKE

1. 鍋中放入玉米糖漿、奶油，加熱至奶油完全融化後，加入牛奶和糖拌勻。
2. 煮到開始冒泡時關火，加入黑芝麻和麵粉，充分攪拌至順滑。
3. 接著倒在鋪有烘焙紙的烤盤上，用刮刀鋪平。
4. 放入預熱至170℃的烤箱中烤12-13分鐘，取出放涼後再切成適當大小備用。

■ 剩餘的芝麻脆片放入密封容器中，和乾燥劑一起保存。

咖啡甘納許

INGREDIENTS

牛奶巧克力 （VALRHONA JIVARA 40%）	30g
鮮奶油	25g
即溶咖啡粉	1.5g
無鹽奶油	6g

1. 在加熱融化的巧克力中，加入即溶咖啡粉拌勻。
2. 依序加入鮮奶油和奶油，攪拌均勻。

咖啡海綿蛋糕

INGREDIENTS

全蛋	110g
蛋黃	30g
糖	100g
低筋麵粉	80g
無鹽奶油	20g
牛奶	30g
即溶咖啡粉	5g

HOW TO MAKE

1. 調理盆中加入全蛋和蛋黃，稍微拌勻。
2. 加入糖，充分攪拌均勻。
3. 以中速打發至蛋糊不太會流動，但仍然光滑柔順。
4. 加入過篩的低筋麵粉，翻拌均勻。
5. 將奶油和牛奶加熱至約55℃，和即溶咖啡粉拌勻，再與部分麵糊先拌勻。
6. 接著將步驟5加入剩餘的麵糊中，翻拌均勻。
7. 將麵糊倒入鋪有烘焙紙的烤模中，放入預熱至170℃的烤箱，以160℃烘烤30分鐘。

1 2 3-1 3-2 4-1 4-2

牛奶鮮奶油＆黑芝麻鮮奶油

INGREDIENTS

馬斯卡彭乳酪	85g
糖	15g
煉乳A	35g
鮮奶油	300g
黑芝麻粉	30g
煉乳B	10g

HOW TO MAKE

1. 在調理盆中放入馬斯卡彭乳酪、糖和煉乳A，稍微拌勻。

   ■底下墊一個裝冰水的大碗，以免攪拌時溫度上升。

2. 加入鮮奶油，以中低速打發至80%，鮮奶油柔軟但不具流動性。
3. 取出130g，和煉乳B一同攪拌，完成牛奶鮮奶油。（夾層鮮奶油）
4. 剩餘的鮮奶油加黑芝麻粉，以中高速打發至85%，完成黑芝麻鮮奶油（抹面鮮奶油）。取出一半，繼續打發至90%（夾層鮮奶油）。

   ■取出80g黑芝麻鮮奶油，放入裝有18號花嘴的擠花袋中冷藏備用。（裝飾鮮奶油）

   ■若裝飾鮮奶油打不夠發，擠出來的花紋會不夠清晰。

組裝&裝飾

INGREDIENTS

咖啡糖漿

水	50g
糖	28g
即溶咖啡粉	3g

食用金箔

HOW TO MAKE

1. 在轉盤中央放一片蛋糕，刷一層咖啡糖漿，再抹一半的咖啡甘納許。
   - ■蛋糕要先分切成五片1cm厚的蛋糕片。
   - ■將水和糖煮溶後，加入即溶咖啡粉拌勻，放冷備用，即為咖啡糖漿。
2. 抹上一半的牛奶鮮奶油。
3. 再放一片蛋糕，表面刷咖啡糖漿，然後抹一層黑芝麻鮮奶油。
4. 再放一片蛋糕，刷咖啡糖漿，並抹上剩餘的咖啡甘納許。
5. 抹上剩餘的牛奶鮮奶油。
6. 再放一片蛋糕，刷咖啡糖漿，然後抹黑芝麻鮮奶油。
7. 疊上最後一片蛋糕，然後以黑芝麻鮮奶油，將整顆蛋糕抹面。
8. 用黑芝麻鮮奶油在上方擠花，並以芝麻脆片、食用金箔裝飾。

#17

PEANUT BUTTER & JELLY CAKE

花生醬果醬蛋糕

在吐司間夾入濃郁花生醬和草莓果醬的PB&J三明治，是我從小到現在都非常喜愛的點心，不僅製作簡單，還有補充能量的卡路里和碳水化合物。我在設計蛋糕時，往往會先從自己喜歡的食材著手，例如這個花生醬與覆盆子果醬的組合，聞起來實在太像PB&J三明治了，讓我在過程中常常笑出來。我使用了市售花生醬來當作材料，獨特的濃郁口感和風味，吃過就會眼睛為之一亮！

隨著使用的花生醬不同，口味上也會不太一樣。
這個配方中選的是甜鹹適中的Ligo- Creamy品牌，
Teddy Bear花生醬的鹹味更明顯，Skippy花生醬則是以甜味為主，
挑選時依照喜好即可，也可以多嘗試不同品牌感受差異。

份量 *size*

直徑15cm、高度7cm
圓形蛋糕烤模1個

製作步驟 *process*

① 覆盆子果醬

② 甘納許鮮奶油

③ 巧克力脆米片

■ 第1～3的順序不影響，可以提前一天準備。

④ 花生醬海綿蛋糕

⑤ 花生醬鮮奶油

⑥ 覆盆子鮮奶油

⑦ 組裝 & 裝飾

保存方式 *expiration date*

- 花生醬海綿蛋糕
  ：室溫2天、冷凍2週

- 榛果蛋糕屑
  ：冷凍2週

  ■使用時恢復室溫狀態。

- 覆盆子果醬
  ：冷藏6個月

- 花生醬鮮奶油
  ：冷藏2天

  ■還沒加花生醬的甘納許鮮奶油可以冷藏3天。

- 巧克力脆米片
  ：冷凍1個月

  ■與乾燥劑一起放在密封容器中保存。

- 完成的蛋糕
  ：冷藏5天

  ■建議3天內食用完畢。

1
2
3
4
5
6
7
8

花生醬海綿蛋糕

INGREDIENTS

蛋	170g
糖	115g
低筋麵粉	90g
花生醬	30g
牛奶	30g

HOW TO MAKE

1. 在調理盆中先將蛋液打散。
2. 加入糖，以攪拌器充分攪拌。
3. 開高速打發，直到蛋糊滴落在表面不會立刻消失後，再轉低速略打一下。

   ■這款蛋糕需要打入更多空氣，做出鬆軟的口感。收尾前先轉低速將氣泡打細緻，可以避免烘烤時收縮。

4. 加入過篩的低筋麵粉，用刮刀從底部往上翻拌均勻。
5. 混合花生醬和牛奶加熱至約55℃，先與少部分麵糊拌勻。

   ■花生醬不必完全融化，少許結塊的花生醬可以成為蛋糕的亮點。

6. 把步驟5倒入剩餘的麵糊中，快速翻拌均勻。
7. 麵糊翻拌時，形狀會稍微停留一段時間才慢慢消失。
8. 將麵糊倒入鋪有烘焙紙的烤模中，放入預熱至170℃的烤箱，以160℃烘烤35-37分鐘。

榛果蛋糕屑

INGREDIENTS

花生醬海綿蛋糕 （切片後剩餘的部分）	80g
烤榛果	12g

HOW TO MAKE

1. 將花生醬海綿蛋糕放入攪拌機中打碎。
2. 放入烘烤過的榛果，一同磨碎。
   ■生榛果請先以160-170℃烘烤8分鐘後，放涼使用。
3. 將步驟1和步驟2混合。

巧克力脆米片

INGREDIENTS

白巧克力 （VALRHONA OPALTS 33%）	50g
可可脂	5g
糙米花	50g
可可巴芮小脆片	23g

HOW TO MAKE

1. 將35g白巧克力加熱融化至55℃後，加入15g未融化白巧克力、可可脂，攪拌至28℃。
   ■可可脂也可以和白巧克力一起加熱拌匀。
2. 加入糙米花和小脆片拌匀。
3. 放到烘焙紙上，然後再蓋一張烘焙紙，用擀麵棍壓平。
4. 靜置到凝固後，剝碎成適當大小備用。

花生醬鮮奶油

INGREDIENTS

牛奶巧克力 （VALRHONA JIVARA 40%）	30g
鮮奶油A	15g
鮮奶油B	160g
糖	14g
花生醬	60g

HOW TO MAKE

1. 鮮奶油A加熱至溫熱後，和牛奶巧克力一起拌勻，直到降溫至55℃。
2. 將步驟1與鮮奶油B、糖拌勻，做成甘納許鮮奶油。
3. 用保鮮膜封緊後，冷藏至少6小時（最長不超過一天）。
4. 取出步驟3後，打發到60%，整體柔軟的狀態。
   ■底下墊一個裝冰水的大碗，以免攪拌時溫度上升。
5. 加入室溫的花生醬，立即以低速拌勻。
   ■加入花生醬後要盡快攪拌均勻。
6. 將鮮奶油打發至90%，形狀穩定、沒有流動性（抹面鮮奶油），接著取2/3放入裝有802號花嘴的擠花袋中（夾層鮮奶油）。

覆盆子果醬★

INGREDIENTS

冷凍覆盆子	110g
糖	100g
玉米糖漿	15g
檸檬汁	4g

HOW TO MAKE

1. 將冷凍覆盆子和糖放入鍋中拌勻，靜置到糖溶解、覆盆子釋出水分。
2. 加入玉米糖漿後，用刮刀一邊攪拌一邊加熱，煮至略帶濃稠的狀態。
3. 關火後加入檸檬汁拌勻，接著倒入盤中，放至完全冷卻。
4. 用刮刀劃一下，若會清晰露出底盤再漸漸消失，表示濃稠度剛好。

覆盆子鮮奶油

鮮奶油	80g
覆盆子果醬★	55g

HOW TO MAKE

1. 將鮮奶油放入調理盆，打發至90%。
   - ■底下墊一個裝冰水的大碗，以免攪拌時溫度上升。
2. 加入覆盆子果醬，稍微混合成大理石般的紋路後，填入裝有802號花嘴的擠花袋中。（夾層鮮奶油）
   - ■使用前先將覆盆子果醬稍微拌勻。
   - ■果醬和鮮奶油如果充分混勻，顏色會太重，也會比較甜，所以稍微攪拌即可。

組裝&裝飾

INGREDIENTS

烤榛果
食用金箔

HOW TO MAKE

1. 在轉盤的中間，放一片蛋糕。
   ■事先將花生醬海綿蛋糕分切成五片1cm厚度的蛋糕片。
2. 由內往外繞圈，在表面擠出覆盆子鮮奶油。
3. 再放一片蛋糕後，改用花生醬鮮奶油繞圈擠滿。
4. 再放一片蛋糕，這次以覆盆子鮮奶油繞圈擠滿。
5. 然後放第四片蛋糕，用花生醬鮮奶油繞圈擠滿。
6. 最後再疊放一片蛋糕，用花生醬鮮奶油抹面。
   ■此處的抹面是用來黏蛋糕屑，不需要太厚，有點不均勻也沒關係。
7. 將榛果蛋糕屑均勻黏附在蛋糕外。
8. 上頭插入巧克力脆米片、少許烤過的榛果及食用金箔裝飾。
   ■冬季時可以用新鮮草莓裝飾，做出帶有童話感的迷人蛋糕。

JOYS_KITCHEN_ #1.CAKE

#18

YUJA & CHOCOLAT CAKE

柚香巧克力蛋糕

在設計食譜時，我經常會嘗試各種組合，感受同種材料在不同搭配下的變化。其中，柚子就是我很常運用的元素，柚子蛋糕、黑芝麻柚子地瓜蛋糕、抹茶柚子蛋糕，越嘗試越能感受到柚子的魅力。在製作這款蛋糕時，我也發現柚子搭配巧克力，能夠讓柚子的風味更加高雅。

首先為了突顯柚子的香氣和酸味，所以我盡量降低甜度，以濃郁的鮮奶油、巧克力蛋糕和甘納許增添風味。如果想要更單純的柚子感，也可以改用原味的海綿蛋糕。大家不妨試試看哪種口味更符合自己的喜好。

這個配方的柚子鮮奶油不易油水分離，有助於操作，
但還是要避免過度攪拌或製作時間太長，
如果鮮奶油變稀，蛋糕的呈現就沒有辦法太理想，
製作過程中如果發現鮮奶油開始軟化，
請先放入冰箱冷卻，或是透過降低操作溫度來調整。

份量 *size*

直徑15cm、高度7cm
圓形蛋糕烤模1個

製作步驟 *process*

① 柚子卡士達

② 巧克力海綿蛋糕

③ 柚子外交官鮮奶油

④ 組裝＆抹面

⑤ 柚子甘納許

⑥ 裝飾

保存方式 *expiration date*

- 巧克力海綿蛋糕
  ：室溫3天、冷凍2週
- 柚子卡士達
  ：冷藏3天
- 柚子外交官鮮奶油
  ：冷藏5天
- 柚子甘納許
  ：冷藏1週
- 完成的蛋糕
  ：冷藏5天
  ■做好後冷藏1-2天，味道會比當天更融合。

柚子卡士達★

INGREDIENTS

雞蛋	53g
糖	45g
玉米澱粉	2g
柚子原汁	60g
無鹽奶油	12g

HOW TO MAKE

1. 在調理盆中放入蛋液打散。
2. 加入糖、玉米澱粉拌勻。
3. 接著加入稍微加熱的柚子原汁（40-50℃），攪拌均勻。
4. 移到鍋中，加熱至88-90℃。
5. 當質地變得略微濃稠後，關火，加入奶油融化。
6. 過濾後用保鮮膜緊密貼附表面，冷藏至冷卻後使用。

柚子外交官鮮奶油

INGREDIENTS

鮮奶油	220g
黃色食用色素	少許
柚子奶醬★	全部的量

HOW TO MAKE

1. 將鮮奶油加入少許黃色食用色素，打發至60%的柔軟狀態。

   ■底下墊一個裝冰水的大碗，以免攪拌時溫度升高。

2. 取出少量，加入柚子卡士達稍微混合。
3. 將步驟1和步驟2一起打發。
4. 打發至鮮奶油形狀穩定、不會流動的90%程度。
5. 取出150g備用。（抹面鮮奶油）
6. 將剩餘的鮮奶油分成四等份，這樣夾層的厚度會更平均。（夾層鮮奶油）

   ■夾層只使用鮮奶油的蛋糕，建議先確認各層分量，以免抹到最後不夠。

巧克力海綿蛋糕

INGREDIENTS

蛋	170g
糖	120g
低筋麵粉	70g
可可粉	25g
玉米澱粉	10g
牛奶	30g
無鹽奶油	25g

HOW TO MAKE

1. 將蛋在調理盆中打散。
2. 加入糖並充分混合。
3. 以攪拌器中速攪拌，打發至蛋糊呈穩定的泡沫。
   - 舉起攪拌器將蛋糊滴在表面，確認痕跡不會立即消失即可。
4. 加入過篩的低筋麵粉、可可粉和玉米澱粉，從底部往上翻拌至沒有粉末。
   - 可可粉容易導致消泡，與一般海綿蛋糕相比，需要更用力翻拌，並在最後輕拌幾下，確保中間沒有大氣泡。
5. 將牛奶、融化奶油加熱至50℃，先與部分麵糊混合。
6. 接著再加入剩餘的麵糊中，從底部往上快速翻拌均勻。
7. 檢查麵糊的濃稠度，以麵糊滴落在表面，痕跡會稍微停留再緩慢消失即可。
8. 將麵糊倒入鋪有烘焙紙的烤模中，放入預熱至170℃的烤箱中，以160℃烘烤35分鐘。

1

2

3

柚子甘納許

INGREDIENTS

白巧克力 （VALRHONA IVOIRE 35%）	35g
鮮奶油	30g
柚子果醬	25g

HOW TO MAKE

1. 將融化的白巧克力（40℃）分兩次加入溫熱的鮮奶油（65-70℃）中拌勻。
2. 加入柚子果醬並混合攪拌。
   - ■如果柚子果醬過冷，可能會降低甘納許的溫度，請使用室溫的果醬。
3. 調整溫度至30℃使用。
   - ■當用湯匙滴落甘納許時，應該是呈塊狀而不是像水流般流動。

組裝＆裝飾

食用銀箔

HOW TO MAKE

1. 在轉盤正中間放一片蛋糕，抹一層柚子外交官鮮奶油。

   ■巧克力海綿蛋糕事先分切成四片1.5cm厚度的蛋糕片。

2. 依序重複三次：放蛋糕片→塗抹柚子外交官鮮奶油。
3. 再以柚子外交官鮮奶油，將整顆蛋糕抹面。
4. 以鮮奶油在蛋糕上方邊緣堆出一個小圍牆，不需要抹平。
5. 將蛋糕冷藏降溫至3-4℃，從上方倒入30℃的柚子甘納許。
6. 連同轉盤一起抓住蛋糕底部搖晃，讓柚子甘納許均勻分佈開來。
7. 在鮮奶油牆較低處滴入額外的甘納許，使其自然流淌下來。
8. 再使用食用銀箔裝飾即完成。

#19

DULCEY & PECAN & KUMQUAT CAKE

金桔胡桃醬巧克力蛋糕

我很喜歡法芙娜品牌的「Dulcey白巧克力32%」，融合了香濃的煉乳和餅乾般的甜味，非常迷人，與各種食材搭配都保證美味無比。Dulcey巧克力又稱「金色巧克力」，特色在於金黃色澤和柔和的甜味，只需加入一顆胡桃，就足以令人垂涎三尺。我還另外添加了金桔，在濃厚的巧克力和堅果香中，加一點清新的香氣。

Dulcey巧克力溫和的牛奶糖香氣，深受韓國人喜愛。
這款金色巧克力和胡桃的相容性很高，搭配上不太會出錯。
如果腦中浮現其他想試做的有趣食材時，
也不妨先嘗試Dulcey巧克力或胡桃這種高成功率的組合。

份量 *size*

直徑15cm、高度7cm
圓形蛋糕烤模1個

製作步驟 *process*

① 胡桃帕林內

② 金桔果醬（請參考P.242）

③ 巧克力鮮奶油

■ 第1到3的順序沒有影響，可以提前一天進行。

④ 全蛋法海綿蛋糕＋切片

⑤ 胡桃鮮奶油

⑥ 組裝&裝飾

保存方式 *expiration date*

- 全蛋法海綿蛋糕
  ：室溫2天、冷凍2週
- 胡桃帕林內
  ：冷藏1個月
- 金桔果醬
  ：冷藏3個月
- 巧克力鮮奶油
  ：冷藏5天
- 胡桃鮮奶油
  ：冷藏5天
- 完成的蛋糕
  ：冷藏5天

1 2 3-1 3-2

胡桃帕林內★

INGREDIENTS

水	25g
糖	100g
烤過的胡桃	150g
鹽	少許

HOW TO MAKE

1. 在鍋中放入水和糖，不攪拌，小火加熱至褐色，做成焦糖。
2. 將焦糖倒入鋪好烘焙紙的烤盤上，放到冷卻凝固。
3. 將焦糖塊打碎，再與烤過的胡桃和鹽一起打成泥。

■生胡桃要先放入預熱至160℃的烤箱烤10分鐘，放冷備用。

■取出少量放入擠花袋中，之後裝飾用。

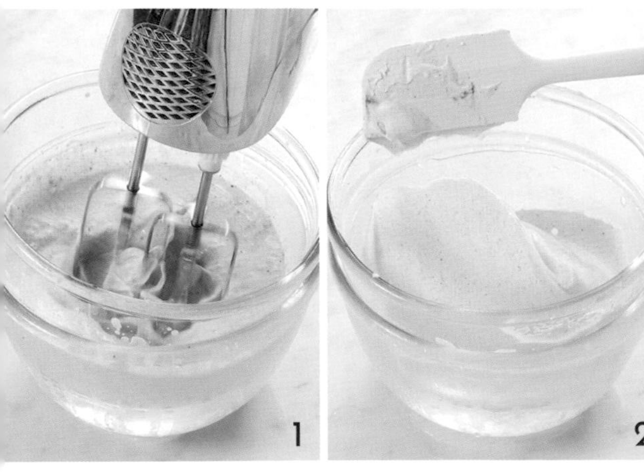

1 2

胡桃鮮奶油

鮮奶油	200g
糖	20g
馬斯卡彭乳酪	30g
胡桃帕林內★	40g

HOW TO MAKE

1. 在調理盆中加入所有材料並打發。

■底下墊一個裝冰水的大碗，以免攪拌時溫度升高。

2. 打發鮮奶油至85%，以刮刀翻起時會有尖角的狀態（夾層鮮奶油）。取50g放入裝有806號花嘴的擠花袋中，冷藏備用（裝飾鮮奶油）。

巧克力鮮奶油

INGREDIENTS

法芙娜巧克力 （VALRHONA DULCEY 32%）	60g
鮮奶油A	30g
鮮奶油B	145g
糖	6g

HOW TO MAKE

1. 將巧克力融化至50℃。
2. 將加熱到80℃的鮮奶油A，分兩次加入步驟1中，充分攪拌乳化，將溫度降至55℃。
3. 接著再加入鮮奶油B、糖，混合均勻。
4. 用保鮮膜封緊後，冷藏至少6小時。
5. 打發鮮奶油至80%（抹面鮮奶油），接著取出50g，放入裝有802號花嘴的擠花袋中，冷藏備用（裝飾鮮奶油）。

■底下墊一個裝冰水的大碗，以免攪拌時溫度升高。

組裝＆裝飾

INGREDIENTS

全蛋法海綿蛋糕…P.41-43

金桔果醬…P.242

糖漬橙皮
香草

HOW TO MAKE

1. 在轉盤中央放一片1.5cm厚度的蛋糕，抹50g金桔果醬。
   - ■蛋糕事先切成一片1.5cm厚、三片1cm厚的蛋糕片。
   - ■金桔果醬可以用柳橙果醬（P.297）代替，但甜度會比較高。
2. 抹一層胡桃鮮奶油。
3. 依序重複兩次：放蛋糕片→塗抹胡桃鮮奶油。
4. 最後再疊一片蛋糕，然後用巧克力鮮奶油將整顆蛋糕抹面。
5. 接著以裝飾的胡桃鮮奶油和巧克力鮮奶油，擠在頂部繞一圈。
6. 將量匙稍微加熱，輕壓在胡桃鮮奶油擠花上，壓一個凹洞。
   - ■量匙不需要太燙，以免鮮奶油融化。
7. 在凹洞中擠入胡桃帕林內。
8. 再以切小塊的糖漬橙皮和少許香草裝飾即可。

#20

WILD BERRY CAKE

玫瑰覆盆子蛋糕

覆盆子鮮紅的色澤和可愛的形狀，光擺放在甜點上，看起來就是藝術品。雖然它們的產季短暫，不耐放也不便宜，但這些都不足以阻擋大家的喜愛。在這款蛋糕中，可以品嘗到新鮮覆盆子的清新，覆盆子醬的濃郁，還有加入蛋糕體中烘烤過的覆盆子香氣，並加入玫瑰來提升細緻感。想要強調某種食材的風味時，可以像這樣將風味做成不同質地的元素，結合出豐富的層次感。

覆盆子的缺點是保存期不長，
放一段時間表面容易發霉，
因此建議儘快食用。

份量 *size*

直徑15cm、高度7cm
圓形蛋糕烤模1個

製作步驟 *process*

① 玫瑰覆盆子醬

② 覆盆子玫瑰糖漿

③ 覆盆子海綿蛋糕＋切片

④ 乳酪鮮奶油

⑤ 組裝&裝飾

保存方式 *expiration date*

- 覆盆子海綿蛋糕
  ：室溫當天、冷凍1週
  ■覆盆子不耐保存，不宜放室溫太久。

- 玫瑰覆盆子醬
  ：冷藏2週
  ■超過2週後玫瑰的香氣會逐漸消失，建議儘早食用。

- 覆盆子玫瑰糖漿
  ：冷藏2週

- 完成的蛋糕
  ：冷藏3天

玫瑰覆盆子醬

INGREDIENTS

覆盆子果泥	75g
糖A	20g
玫瑰糖漿	10g
檸檬汁	5g
糖B	3g
NH果膠	2g

HOW TO MAKE

1. 在鍋中加入覆盆子果泥、糖A、玫瑰糖漿、檸檬汁，加熱至40-45℃。
2. 加入事先混合好的糖B和NH果膠，充分拌勻。
3. 加熱至開始冒泡的狀態。
4. 離火後靜置到完全冷卻，放入裝有6號花嘴的擠花袋中備用。

乳酪鮮奶油

INGREDIENTS

馬斯卡彭乳酪	130g
奶油乳酪	72g
糖	32g
蜂蜜	13g
玫瑰糖漿	25g
檸檬汁	13g
鮮奶油	250g

HOW TO MAKE

1. 在調理盆中加入馬斯卡彭乳酪、奶油乳酪、糖和蜂蜜，攪拌至均勻順滑。
   ■底下墊一個裝冰水的大碗，以免攪拌時溫度升高。
2. 加入玫瑰糖漿和檸檬汁，充分拌勻。
3. 分三次加入鮮奶油，同時打發。
4. 鮮奶油打發至90%後，取出一部分放入裝有D6K花嘴的擠花袋中冷藏（裝飾鮮奶油），其餘放入裝有804號花嘴的擠花袋中備用（夾層鮮奶油）。

覆盆子海綿蛋糕

INGREDIENTS

冷凍覆盆子（碎粒）	40g
蛋	115g
糖	105g
食用油	55g
低筋麵粉	105g
泡打粉	3g

HOW TO MAKE

1. 將覆盆子碎粒沾裹少許低筋麵粉（配方分量外）。

   ■避免覆盆子全部沉澱到蛋糕下方。

2. 將蛋放入調理盆中打散。
3. 加入糖，開始打發。
4. 打發至蛋糊掉落時，會在表面稍微停留再慢慢消失的程度。
5. 慢慢倒入食用油，一邊以低速將氣泡打細緻。
6. 加入過篩的麵粉和泡打粉，攪拌至不見粉末狀。
7. 將步驟1倒入，輕輕翻拌均勻。
8. 倒入鋪有烘焙紙的烤模中，放入預熱至160℃的烤箱中，烤約33-35分鐘。

   ■烤至熟透後取出，放至完全冷卻。

組裝＆裝飾

INGREDIENTS

覆盆子玫瑰糖漿

覆盆子果泥	30g
玫瑰糖漿	20g

覆盆子
食用金箔
香草

HOW TO MAKE

1. 在轉盤的正中央放一片蛋糕，刷一層覆盆子玫瑰糖漿。
   - ■事先將覆盆子蛋糕切成三片厚度1.5cm的蛋糕片。
   - ■混合覆盆子果泥和玫瑰糖漿，即做成覆盆子玫瑰糖漿。
2. 在蛋糕周圍，圍繞高度7cm的圍邊紙。
3. 在蛋糕片表面擠入乳酪鮮奶油。
4. 再放一片蛋糕，刷上覆盆子玫瑰糖漿。
5. 再擠一層乳酪鮮奶油。
6. 再重複一次：放蛋糕片→刷覆盆子玫瑰糖漿→抹乳酪鮮奶油。
7. 以裝飾用的乳酪鮮奶油，沿著上方邊緣擠花。
8. 接著在中間擠滿玫瑰覆盆子醬。

9. 將洗淨瀝乾的覆盆子，正反不規則交錯地擺在玫瑰覆盆子醬上。

10. 接著再將玫瑰覆盆子醬擠入凹洞朝上的覆盆子中。

11. 點綴少許食用金箔和香草裝飾即完成。

JOYS_KITCHEN
CAKE

#21

SWEET PUMPKIN & ORANGE CAKE

南瓜柳橙蛋糕

成熟的南瓜甜度高，適當烹煮後就是出色的甜點元素。南瓜或地瓜這樣的澱粉蔬菜，如實呈現自身風味時最具有魅力，因此，關鍵在於不要讓它們的味道過重或過淡。在這款蛋糕中，我使用了柳橙和肉桂，但僅著重在香氣的堆疊。南瓜、柳橙和肉桂不是常見的組合，但只要品嘗一口，就能立刻理解選擇它們的原因。

在這款蛋糕中，我用柳橙讓南瓜變得更加清爽宜人。
如果想要嘗試其他風味組合，也可以使用南瓜醬代替柳橙，
再搭配核桃利口酒、香草利口酒或百家得金蘭姆酒等，
讓厚實濃郁的南瓜融入蘭姆酒的深醇香氣中。

份量 *size*

直徑15cm、高度7cm
圓形蛋糕烤模1個

製作步驟 *process*

① 處理南瓜

② 南瓜柳橙醬

③ 南瓜海綿蛋糕

④ 南瓜柳橙鮮奶油

⑤ 組裝&裝飾

保存方式 *expiration date*

- 南瓜海綿蛋糕
  ：室溫2天、冷凍2週

- 南瓜柳橙醬
  ：冷藏1週
  ■請放入密封容器中，用保鮮膜包好。

- 南瓜柳橙鮮奶油
  ：冷藏5天

- 完成的蛋糕
  ：冷藏5天

1

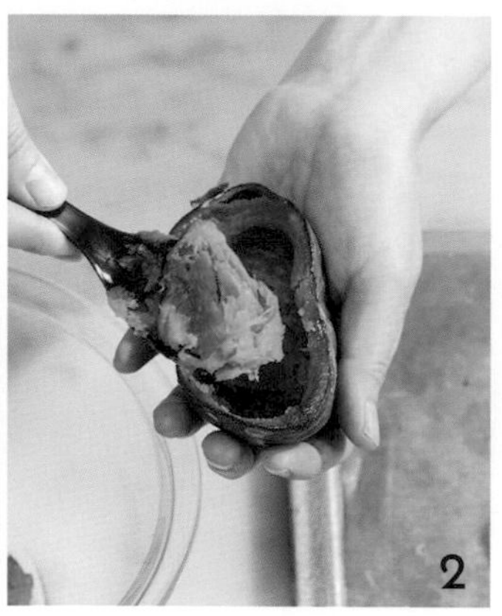
2

3

南瓜柳橙醬★

INGREDIENTS

南瓜	320g
糖	85g
柳橙汁	40g

HOW TO MAKE

1. 南瓜切半、去籽，放入預熱至170℃的烤箱中烤20-25分鐘，直到熟透。
2. 將南瓜肉挖出，放到冷卻。
3. 將南瓜肉、糖、柳橙汁放入鍋中翻炒至水分蒸發，放涼後使用。

1

2

3

4

南瓜柳橙鮮奶油

INGREDIENTS

南瓜柳橙醬★	200g
糖	18g
鮮奶油	350g
肉桂粉	0.3g

HOW TO MAKE

1. 在調理盆中放入南瓜柳橙醬、糖和部分鮮奶油，稍微拌勻。

   ■ 底下墊一個裝冰水的大碗，以免攪拌時溫度升高。

2. 混合均勻後，加入剩餘的鮮奶油和肉桂粉，開始打發。
3. 將鮮奶油打發至90%即可。（夾層鮮奶油、抹面鮮奶油）
4. 取出130g，放入裝有直徑18mm圓形花嘴的擠花袋中，冷藏備用。（裝飾鮮奶油）

南瓜柳橙蛋糕

INGREDIENTS

蛋	115g
糖	100g
食用油	55g
低筋麵粉	102g
泡打粉	3g
南瓜粉	12g
南瓜柳橙醬★	70g
柳橙皮屑	2g

HOW TO MAKE

1. 將蛋放入調理盆中，稍微打散。
2. 加入糖，以高速打發至泡沫濃密。
3. 加入食用油，繼續打發。
4. 打發到蛋糊滴落時，形狀會在表面稍微停留再慢慢消失後，轉低速稍微攪拌，讓泡沫變細緻。
5. 加入過篩的麵粉、泡打粉和南瓜粉，拌勻至沒有粉末。
6. 取出部分麵糊，與南瓜柳橙醬、柳橙皮屑混合。
7. 接著再加入剩餘麵糊中，從底部快速翻拌均勻。
8. 將麵糊倒入鋪有烘焙紙的烤模，放入預熱至170℃的烤箱中，以160℃烤約35分鐘。

■ 蛋糕底部容易裂碎，完全放涼後再切割。

組裝&裝飾

INGREDIENTS

切小丁的烤南瓜
核桃碎
開心果碎
南瓜籽
香草

HOW TO MAKE

1. 在轉盤正中央放一片蛋糕，並塗抹夾層的南瓜柳橙鮮奶油。
   ■ 事先將蛋糕切成三片1.5cm厚的蛋糕片。
2. 再疊放一片蛋糕，並塗抹夾層的南瓜柳橙鮮奶油。
3. 最後再疊一片蛋糕。
4. 用抹面的南瓜柳橙鮮奶油，將整顆蛋糕抹面。
5. 在蛋糕頂部以裝飾的南瓜柳橙鮮奶油擠滿圓形。
6. 放上南瓜小丁裝飾。
   ■ 漿南瓜連皮切成1cm大小，放進耐熱容器中，蓋上保鮮膜，微波加熱30秒，重覆2-3次，放冷後即可用來裝飾。
7. 撒上少許核桃碎、開心果碎，在周圍插入幾個南瓜籽，點綴香草裝飾。

JOYS_KITCHEN
CAKE

#22

CARROT CAKE

紅蘿蔔蛋糕

有什麼甜點比紅蘿蔔蛋糕更具多樣性？即使大眾化，也可以用不同方式，做出百般口味和口感。Joy's Kitchen的紅蘿蔔蛋糕長久以來備受學生和顧客喜愛。法式製法的紅蘿蔔蛋糕，再以含有白蘭姆酒的奶油乳酪鮮奶油增添風味。濃郁堅果香的胡桃，也是這款蛋糕的一大亮點。隨著時間的推移，紅蘿蔔蛋糕的質地會越加紮實，比一般的海綿蛋糕更耐保存，製作也很簡單，非常適合作為咖啡廳的餐點。

這款蛋糕比一般的紅蘿蔔蛋糕更鬆軟。
我喜歡冷藏兩天後的口感，經過靜置的味道更加融合。

份量 *size*

直徑15cm、高度7cm
圓形蛋糕烤模1個

製作步驟 *process*

① 紅蘿蔔蛋糕＋切片

② 奶油乳酪鮮奶油

③ 組裝＆裝飾

保存方式 *expiration date*

- 紅蘿蔔蛋糕
  ：室溫2天、冷凍2週
  ■在梅雨季節應當天吃完。

- 奶油乳酪鮮奶油
  ：冷藏5天

- 完成的蛋糕
  ：冷藏1週

紅蘿蔔蛋糕

INGREDIENTS

蛋	138g
糖	105g
鹽	少許
食用油	80g
低筋麵粉	130g
泡打粉	5g
肉桂粉	4g
紅蘿蔔	120g
烤胡桃碎	20g

HOW TO MAKE

1. 將紅蘿蔔削皮切碎備用。

   ■也可以使用食品處理機切碎。

2. 將蛋打入調理盆中，稍微拌勻。
3. 加入糖和少許鹽，開始打發。
4. 打發到泡沫濃密後，加入食用油，繼續打發。
5. 加入過篩的麵粉、泡打粉和肉桂粉，從底部翻拌均勻。
6. 加入紅蘿蔔和胡桃碎，快速翻拌均勻。

   ■生胡桃要先放入預熱至170℃的烤箱中烤10分鐘，放涼再切成0.5cm大小。

7. 將麵糊倒入鋪有烘焙紙的烤模中，放入預熱至170℃的烤箱中，以160℃烤約35分鐘。

   ■紅蘿蔔等食材含有高水分，務必確實將蛋糕烤熟。

奶油乳酪鮮奶油

INGREDIENTS

奶油乳酪	180g
糖粉	40g
鮮奶油	140g
白蘭姆酒	5g
檸檬汁	6g

HOW TO MAKE

1. 在調理盆中加入奶油乳酪，稍微拌至柔順狀態即可。
   ■ 注意不要過度攪拌，以免質地太軟。如果使用電動攪拌器，請開最低速。
2. 加入過篩的糖粉，攪拌均勻。
3. 在另一個調理盆中，將鮮奶油打發至綿密柔軟，約60%。
   ■ 底下墊一個裝冰水的大碗，以免攪拌時溫度上升。
4. 加入白蘭姆酒和檸檬汁，繼續打發。
   ■ 鮮奶油先打發至約60%再加白蘭姆酒和檸檬汁，比較容易掌控打發程度。
5. 打發至90%，鮮奶油完全沒有流動性，但依然柔軟綿密。
6. 分兩次加入步驟2中，翻拌至均勻順滑後，填入裝有804號花嘴的擠花袋中。（夾層鮮奶油、裝飾鮮奶油）

組裝&裝飾

INGREDIENTS

紅蘿蔔蛋糕層
（將切片後剩餘的蛋糕切碎）
香草

HOW TO MAKE

1. 在轉盤的正中央放一片蛋糕。
   - ■紅蘿蔔蛋糕事先分切成三片厚1.5cm的蛋糕片。
   - ■剩下的蛋糕用食物處理機切碎，最後裝飾時使用。
2. 在蛋糕周圍圍一圈高度7cm的圍邊紙。
3. 在蛋糕上方，由內往外繞圈，擠滿奶油乳酪鮮奶油。
4. 重複兩次放蛋糕片、擠奶油乳酪鮮奶油後，用抹刀將頂端整平。
5. 將抹刀前端輕抵在鮮奶油上，轉動轉盤，由外往內做出一圈圈的紋路。
6. 將蛋糕屑沿著蛋糕邊緣均勻撒一圈。
7. 點綴少許香草裝飾即完成。

簡易版紅蘿蔔馬芬

紅蘿蔔蛋糕也可以簡單做成馬芬。對於不擅長抹面，或是想要迷你尺寸蛋糕的人來說，是一個很不錯的選擇。

■ 使用上徑7cm、下徑6cm、高4.5cm的馬芬模具。配方中一個蛋糕的材料可以製作約12個馬芬。

■ 如果沒有剛好的蛋糕紙模，可以改鋪烘焙紙，倒入麵糊至模具高度後烘烤。（烘烤溫度和時間會依模具尺寸而異）

■ 玫瑰野莓蛋糕（P.200）、南瓜柳橙蛋糕（P.208）等，也可做成馬芬。

① 在馬芬模具內放入蛋糕紙模（或烘焙紙）。

② 倒入紅蘿蔔蛋糕麵糊，約50g一份。

③ 放入預熱至160℃的烤箱烤20-23分鐘。取出放涼，再塗抹奶油乳酪鮮奶油，以蛋糕屑裝飾即可。

Class 02

BISCUIT

分蛋法海綿蛋糕

#23 草莓艾草蛋糕
#24 金桔薄荷乳酪蛋糕
#25 奇異果香蕉巧克力蛋糕
#26 摩卡酥菠蘿蛋糕
#27 義大利藍紋乳酪蛋糕
#28 無花果芙蓮蛋糕
#29 小黃瓜哈密瓜蛋糕

BISCUIT
分蛋法海綿蛋糕

在這個章節中，使用的是另一種常見的蛋糕體作法──「分蛋法」。同樣都是海綿蛋糕，但分蛋法與全蛋法仍然擁有各自的特色。

分蛋法顧名思義，就是分別打發蛋黃和蛋白再混合。由於蛋黃和蛋白沒有一起打發，蛋白不受蛋黃的油脂影響，更能形成穩定的泡沫，使蛋糕組織更有彈性、更具密度，也更容易膨脹，而且，還不容易消泡。即使添加了其他油脂成分或操作時間較長，也相對容易成功。此外，還可以透過打發的程度與「蛋黃是否打發」來調整蛋糕質地。

分蛋法可以再細分成「分蛋法（打發蛋黃＋打發蛋白）」及「部分分蛋法（蛋黃＋打發蛋白）」兩種方式。無論是以植物油為主的戚風蛋糕，或是著重奶油的海綿蛋糕，都可以依照自己的需求選擇。沒有打發蛋黃的部分分蛋法，因為空氣較少，質地上相對紮實。我通常會依照想要強調的食材，或是蛋糕重量來挑選，例如蛋糕上的夾層或配料較重，穩定性較高的部分分蛋法就比較適合。

蛋黃不打發

蛋黃打發

POINT

粉狀材料使用前要過篩，並在模具上鋪烘焙紙，與第40-41頁的注意事項相同。唯一要注意的是「必須使用冷藏蛋」而不是室溫蛋，才能打出均勻細緻的泡沫。

在分蛋法中，蛋白霜的狀態非常重要。蛋白霜的泡沫、體積和密度，對蛋糕的質地、口感和體積都有很大的影響。雖然質地的喜好因人而異，但蛋白霜打發得綿密穩定，越容易烤出成功的蛋糕。因為這個關係，強烈建議大家使用冷藏的新鮮蛋白，並且確實打出綿密的氣泡。使用冷藏蛋白時，儘可能讓蛋白霜膨脹和糖溶解的時機相同，因此要分次加入。

#23

STRAWBERRY & MUGWORT CAKE

草莓艾草蛋糕

韓國很常看到艾草口味的甜點，但對我來說，艾草一直是種難以運用的食材，直到嘗試好幾次之後，才做出這款我也深深著迷的艾草蛋糕。艾草獨特而強烈的香氣與濃郁口感結合時，反而會變得柔和且淡雅，只要添加一些利口酒中和，艾草的味道也不會過於濃烈。如果只想要淺淺的艾草香，可以與芬芳的柑橘類或漿果類做搭配；如果想要突顯艾草，則可以使用含有香草或巧克力的甘納許。

這款艾草蛋糕的香氣柔和，不會過於強烈，
草莓季節過去之後，可以嘗試用柳橙來替代，
淡淡的艾草香氣和清新的柳橙也非常般配。

份量 *size*

直徑15cm、高度7cm
圓形蛋糕烤模1個

製作步驟 *process*

① 草莓果醬（請參考P.62）

② 艾草糖漿

③ 處理草莓

④ 艾草海綿蛋糕＋切片

⑤ 煉乳鮮奶油、艾草鮮奶油

⑥ 艾草甘納許

⑦ 組裝＆裝飾

保存方式 *expiration date*

- 艾草海綿蛋糕
  ：室溫3天、冷凍15天

- 草莓果醬
  ：冷藏2個月
  ■請存放在密封容器中，用保鮮膜緊密覆蓋。

- 艾草糖漿
  ：冷藏1週

- 煉乳鮮奶油、艾草鮮奶油
  ：當天盡快使用

- 艾草甘納許
  ：冷藏5天

- 完成的蛋糕
  ：冷藏5天

艾草海綿蛋糕（分蛋法）

INGREDIENTS

蛋黃	60g
糖A	20g
溫水	30g
艾草粉	7g
蛋白	120g
糖B	65g
低筋麵粉	60g
牛奶	20g
無鹽奶油	15g

HOW TO MAKE

1. 在調理盆中加入蛋黃，稍微攪拌均勻。
2. 加入糖A，攪拌至蛋糊滴落到表面會呈現明顯的線條。
3. 加入事先混合好的溫水和艾草粉，攪拌均勻。

   ■如果用冷水混合，艾草粉不會均勻溶解。
4. 在另一個調理盆中，加入蛋白和糖B開始攪拌。
5. 將蛋白霜打發至堅挺的狀態。
6. 將1/3的蛋白霜加入步驟3中，輕輕攪拌均勻。
7. 加入過篩的低筋麵粉，繼續攪拌。
8. 再加入剩餘的蛋白霜，攪拌成均勻的麵糊即可。

9

10-1

10-2

11

12

HOW TO MAKE

9. 取部分麵糊，加入事先加熱好的牛奶和奶油（55℃）中，稍微攪拌均勻。

10. 再把步驟9加入剩餘的麵糊中，快速從底部往上翻拌均勻。

11. 將麵糊倒入鋪有烘焙紙的模具中後，將模具往桌面輕敲幾次，去除大氣泡。

12. 放入已預熱至170℃的烤箱中，以160℃烤約33～35分鐘至熟透。

■用分蛋法製作的艾草海綿蛋糕，通常外皮比一般海綿蛋糕還厚。

■用竹籤等尖銳工具戳入蛋糕中央，取出後沒有沾附麵糊即表示熟透。

煉乳鮮奶油＆艾草鮮奶油

INGREDIENTS

馬斯卡彭乳酪	75g
煉乳	33g
糖	17g
鮮奶油	330g
艾草粉	1.5g

HOW TO MAKE

1. 在調理盆中放入馬斯卡彭乳酪、煉乳和糖，攪拌至滑順。

   ■在調理盆下方墊一個裝冰水的大碗，以免攪拌時升溫。

2. 加入鮮奶油打發。
3. 打發至尖角堅挺的程度（約80%）後，取出少量，放入裝有869K花嘴的擠花袋，冷藏備用。（裝飾鮮奶油）
4. 取出140g鮮奶油，和過篩的艾草粉拌勻，完成艾草鮮奶油。（抹面鮮奶油）
5. 剩餘鮮奶油繼續打發至90%，柔軟但完全沒有流動性的狀態。（夾層鮮奶油）

艾草甘納許

INGREDIENTS

白巧克力 （VALRHONA IVOIRE 35%）	30g
艾草粉	2.2g
鮮奶油	24g
櫻桃利口酒	2g

HOW TO MAKE

1. 將白巧克力加熱融化至約40℃。
2. 加入過篩的艾草粉，攪拌至無粉末的光滑狀態。
3. 分兩次倒入預熱至60-70℃的鮮奶油，不斷攪拌至均勻。
4. 加入櫻桃利口酒，攪拌均勻。
5. 去除表面氣泡後，靜置冷卻至30℃即可使用。

組裝＆裝飾

INGREDIENTS

草莓果醬…P.62

艾草糖漿

水	40g
糖	20g
艾草粉	3g
櫻桃利口酒	2g

草莓

食用金箔

HOW TO MAKE

1. 在轉盤中間放一片1.5cm厚的蛋糕片，表面塗抹艾草糖漿。
   - ■艾草海綿蛋糕事先切成一片1.5cm厚、三片1cm厚的蛋糕片。
   - ■把糖加入熱水中溶解後，加入艾草粉和櫻桃利口酒拌勻，冷卻後即完成艾草糖漿。
2. 塗抹一層草莓果醬。
   - ■蛋糕邊緣保留約0.5cm寬度不抹果醬，避免抹面時流出。
3. 塗抹適量的煉乳鮮奶油。
4. 將草莓切片，放在煉乳鮮奶油上。
5. 塗抹煉乳鮮奶油，覆蓋住草莓。
6. 再放一片1cm厚的蛋糕片，並塗抹艾草糖漿。
7. 依序抹煉乳鮮奶油→放草莓→抹煉乳鮮奶油。
8. 再放一片1cm厚的蛋糕片，並塗抹艾草糖漿。

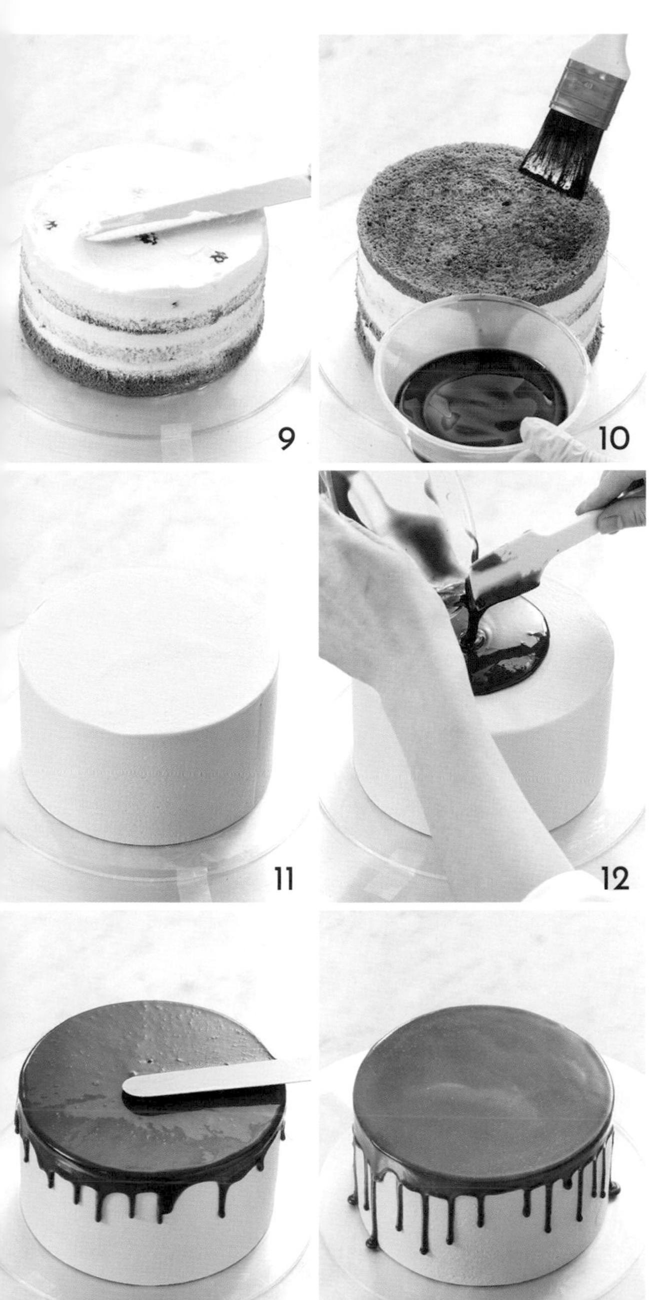

9 10 11 12 13 14

15

16

17

HOW TO MAKE

9. 依序抹草莓果醬→抹煉乳鮮奶油→放草莓→抹煉乳鮮奶油。
10. 最後再疊放一片1cm厚的蛋糕片，並塗抹艾草糖漿。
11. 用艾草鮮奶油將整顆蛋糕抹面。
12. 蛋糕先冰到3-4℃後，從上方的中央淋入艾草甘納許（30℃）。
13. 一手轉動蛋糕轉盤，另一手用抹刀將艾草甘納許推平，讓它從側面自然流下。
14. 冷藏至淋面凝固。
    - ■在未凝固的情況下裝飾或擠鮮奶油，可能會導致鮮奶油流動或形狀模糊。
15. 用煉乳鮮奶油在蛋糕頂部擠花。
16. 在煉乳鮮奶油上放切半的草莓。
17. 最後用食用金箔點綴即完成。

#24

KUMQUAT & MINT FROMAGE

金桔薄荷乳酪蛋糕

這款蛋糕可以同時感受到金桔的宜人香氣和酸味，以及薄荷的清新芳香。薄荷的接受度很兩極，因此我一直在思考如何以平易近人的方式呈現，經過百般嘗試後，我認為莫吉托（mojito）和薄荷的組合，是大家最熟悉且普遍喜愛的搭配，再以香味柔和的白巧克力襯托，這麼一來，入口到尾韻都能完美展現金桔和薄荷的香氣。

這個食譜的風味以金桔為主、薄荷為輔，創造出不過於濃烈的配方。
建議先以原配方製作，如果想增減薄荷香氣，可嘗試以下方法。

①想保留薄荷甘納許的味道，只減少薄荷香氣

維持原配方和製程，只需調整組裝時的堆疊順序，將薄荷甘納許抹在底層的蛋糕上。這樣在品嘗時，金桔的味道和香氣最先出現，然後才是薄荷，感官上薄荷香氣就會減弱。

②想要更進一步減少薄荷香氣

減少薄荷甘納許的用量（如果僅減少配方中的薄荷量，巧克力的味道會變濃，掩蓋掉金桔的香氣，因此建議不更動配方，直接調整使用量）。

③想要完全省略薄荷香氣

直接跳過薄荷甘納許的製作，完成一個純粹品嘗金桔味道和香氣的蛋糕。

份量 *size*

寬11cm、長23cm、高7cm
長方型蛋糕1個

製作步驟 *process*

① 金桔果醬

② 薄荷甘納許

③ 部分分蛋法海綿蛋糕＋切片

④ 馬斯卡彭優格鮮奶油

⑤ 組裝＆裝飾

保存方式 *expiration date*

- 部分分蛋法海綿蛋糕
  ：當天使用
  ■如果蛋糕底變得潮濕，建議當天食用完畢。切開後，在蛋糕片之間夾烘焙紙，密封保存，可以冷凍約2週。

- 金桔果醬
  ：冷藏3個月
  ■儲放在以滾水煮過消毒的密封容器。

- 薄荷甘納許
  ：冷藏1週
  ■放入密封容器中，避免產生水分。

- 馬斯卡彭優格鮮奶油
  ：當天盡快食用

- 完成的蛋糕
  ：冷藏1週
  ■做好隔天的薄荷味和金桔味會更濃烈。但建議3天內食用完畢，以免蛋糕和鮮奶油變質。

金桔果醬

金桔	300g	水	30g
糖	120g	檸檬汁	20g
柳橙汁	50g		

HOW TO MAKE

1. 將金桔對半切開、去籽，接著和糖、柳橙汁、水一起放入食物調理機中，打成有顆粒感的細碎狀，再以中火加熱。
   - ■金桔先用小蘇打粉擦洗外皮，浸泡在稀釋醋水中，最後再沖洗乾淨。
   - ■如果需要裝飾用的金桔，保留少許不切開，備用。
   - ■柳橙汁可以用其他柑橘類果汁替代。
2. 一邊加熱一邊去除表面的泡沫。
3. 當糖漿變稠時，加入檸檬汁，攪拌均勻，再次煮沸。
4. 關火，放涼後即可使用。
   - ■如果喜歡更濃稠的口感，可以在放涼後再煮沸一次。

薄荷甘納許

INGREDIENTS

白巧克力 （VALRHONA OPALYS 33%）	45g
鮮奶油	36g
吉利丁塊	3g
莫吉托風味糖漿	40g
薄荷香精	約5滴

HOW TO MAKE

1. 把白巧克力加熱融化到40℃。
2. 在鮮奶油中加入吉利丁塊，加熱至約60℃，然後倒入步驟1中攪拌均勻。
3. 加入莫吉托風味糖漿和薄荷香精拌勻。
4. 用保鮮膜緊密貼合表面後，放置冰箱冷藏一天以上。

海綿蛋糕（部分分蛋法）

INGREDIENTS

蛋白	140g
糖	75g
蛋黃	46g
低筋麵粉	77g
牛奶	25g
無鹽奶油	15g

HOW TO MAKE

1. 在調理盆中加入蛋白，用手持攪拌器稍微攪拌。
2. 分次加入糖，持續打發至堅挺的狀態。
3. 在蛋黃中加入少許蛋白霜，翻拌均勻。
4. 再把步驟3加入剩餘的蛋白霜中，翻拌均勻。
5. 接著加入過篩的麵粉，翻拌均勻至沒有粉粒狀。
6. 取部分麵糊加入事先加熱至55℃的牛奶和奶油中，稍微拌勻。
7. 再把步驟6加入剩餘的麵糊中，快速翻拌均勻。
8. 將麵糊倒入鋪有烘焙紙的烤盤中（約1/2高度），用刮刀整平表面，接著放入預熱至170℃的烤箱中，以160℃烘烤約12～13分鐘。

馬斯卡彭優格鮮奶油

INGREDIENTS

馬斯卡彭乳酪	65g
希臘優格	65g
糖	32g
鮮奶油	120g
檸檬汁	8g
莫吉托風味糖漿	8g

（MARIE BRIZARD-MOJITO MINT）

HOW TO MAKE

1. 在調理盆中放入馬斯卡彭乳酪、希臘優格和糖，用手持攪拌器攪拌至滑順。

   ■在調理盆下方墊一個裝冰水的大碗，以免攪拌時升溫。

2. 加入鮮奶油，開始打發。
3. 接著加入檸檬汁和莫吉托風味糖漿，繼續打發。
4. 打發至90%，鮮奶油硬挺、翻拌時前端不會有彎勾的狀態（夾層鮮奶油），然後取少量放入裝有804號花嘴的擠花袋中，冷藏備用（裝飾鮮奶油）。

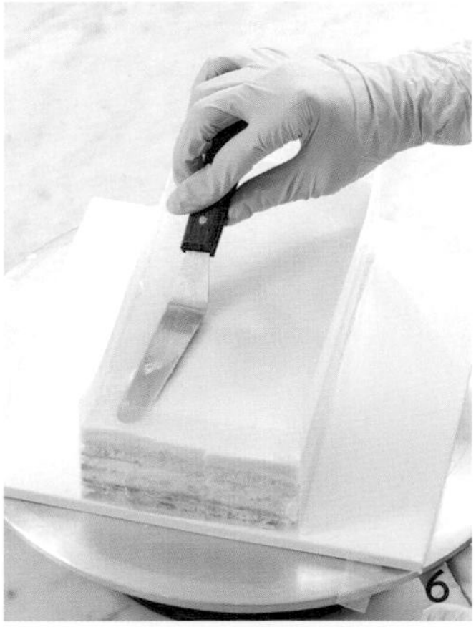

組裝＆裝飾

食用金箔
金桔
香草

HOW TO MAKE

1. 在蛋糕轉盤中間放一片蛋糕片，表面塗抹馬斯卡彭優格鮮奶油。
   - ■ 海綿蛋糕事先切成三片23×11cm的大小備用。
2. 將鮮奶油抹開，並以抹刀整理好邊角，使其呈整齊的長方形。
3. 以相同的方式，再次疊放蛋糕片和抹鮮奶油兩次。
4. 在蛋糕四邊圍繞高度7cm的圍邊紙，並用膠帶固定。
   - ■ 根據蛋糕的尺寸準備適合高度的圍邊紙。
5. 倒入一層薄荷甘納許（低於30℃）。
6. 使用抹刀將薄荷甘納許整平後，放置冷藏至完全凝固。
   - ■ 如果還沒凝固就抹果醬，會混在一起，導致分層不明顯。
7. 在凝固的薄荷甘納許上鋪平150g的金桔果醬。
8. 點綴上食用金箔。
9. 最後以切半的金桔、香草和馬斯卡彭優格鮮奶油裝飾即完成。

1 2 3 4 5 6 7

8

9

#25

KIWI & BANANA & CHOCOLAT CAKE

奇異果香蕉巧克力蛋糕

我個人並不是巧克力愛好者，對我來說，巧克力蛋糕一直是很難掌控的品項。但身為一名蛋糕師，至少要擁有一個自創的巧克力蛋糕吧？出於這層意義，這款蛋糕誕生時，我的喜悅巨大到難以言喻（Joy's Kitchen也有巧克力蛋糕了！）

而這款蛋糕的亮點，絕對是「奇異果」。對於永遠不會放棄酸味的我來說，這不是一個普通的巧克力蛋糕，是一個特別的巧克力蛋糕，而這一切完全歸功於奇異果香蕉醬。奇異果香蕉醬不僅適用於蛋糕，搭配鬆餅、班尼迪克蛋等早午餐也美味到不行，期盼大家都能嘗試看看。

這款蛋糕使用的甘納許鮮奶油，充分拓展了應用的可能性，
大家可以根據自己的需求或想要的食譜進行多種變化。

① 省略奇異果香蕉醬，製作出經典的巧克力蛋糕。
② 加入切碎的栗子，製作出栗子風味的巧克力蛋糕。
③ 加入「黑糖豆粉脆米餅蛋糕（P.148）」的糖脆米餅，增添獨特的酥脆口感。
④ 改用「柚香巧克力蛋糕（P.182）」的蛋糕體，口感稍有不同，但製程更簡單。

份量 *size*

直徑15cm、高度7cm
圓形蛋糕烤模1個

製作步驟 *process*

① 甘納許鮮奶油

② 奇異果香蕉醬

③ 巧克力糖漿

④ 巧克力海綿蛋糕＋切片

⑤ 打發甘納許鮮奶油

⑥ 組裝＆抹面

⑦ 巧克力甘納許

⑧ 裝飾

保存方式 *expiration date*

- 巧克力海綿蛋糕
  ：室溫3天、冷凍2週

- 甘納許鮮奶油（未打發）
  ：冷藏5天

- 奇異果香蕉醬
  ：冷藏1個月
  ■裝在密封容器中，用保鮮膜包好。

- 巧克力甘納許
  ：當天使用

- 巧克力糖漿
  ：冷藏5天

- 完成的蛋糕
  ：冷藏5天

奇異果香蕉醬

INGREDIENTS

奇異果	250g
香蕉	200g
糖	130g
蜂蜜	25g
檸檬汁	10g

HOW TO MAKE

1. 將奇異果和香蕉切成2cm大小的塊狀。
2. 在鍋中加入所有材料，以中火加熱。
3. 煮到香蕉和奇異果的水分完全蒸發、變得濃稠。
4. 關火，完全冷卻後即可使用。

■使用綠色奇異果，香蕉選擇不要過熟的。

巧克力海綿蛋糕（分蛋法）

INGREDIENTS

蛋黃	72g
糖A	25g
水	25g
牛奶	20g
糖B	28g
可可粉	26g
蛋白	120g
糖C	53g
低筋麵粉	77g

HOW TO MAKE

1. 在調理盆中加入蛋黃和糖A拌勻。
2. 攪拌至蛋糊滴落時會在表面形成明顯的紋路，並逐漸消失。
3. 將水、牛奶和糖B加熱，加入可可粉拌勻，降溫至38-40℃後，再倒入步驟2中攪拌均勻。

HOW TO MAKE

4. 將蛋白放入另一個調理盆中，用攪拌器開始打發。
5. 分次加入糖C，持續打發。
6. 打發至堅挺而順滑的狀態。
7. 取1/3的蛋白霜加入步驟3中拌勻。
8. 加入過篩麵粉，拌勻到完全沒有粉末。
9. 再分次加入剩下的蛋白霜拌勻。
10. 將麵糊倒入鋪有烘焙紙的烤模中，模具底部在桌面輕敲幾次，再放入預熱至170℃的烤箱中，以160℃烘烤33～35分鐘。

甘納許鮮奶油

INGREDIENTS

鮮奶油A	60g
蜂蜜	20g
牛奶巧克力 （VALRHONA JIVARA 40%）	45g
黑巧克力 （VALRHONA CARAIBE 66%）	45g
鮮奶油B	300g

HOW TO MAKE

1. 在調理盆中放入加熱過的鮮奶油A和蜂蜜，充分攪拌後將溫度調至80℃。
2. 倒入加熱融化的牛奶巧克力和黑巧克力（50℃），充分攪拌均勻。
3. 與鮮奶油B混合後，冷藏至少6小時。
4. 用手持攪拌器，將鮮奶油打至光滑（80%）後，分出170g（抹面鮮奶油），另取少量放入裝有869K花嘴的擠花袋中，冷藏備用（裝飾鮮奶油），剩下的鮮奶油繼續打發到稍微堅挺的狀態（90%）（夾層鮮奶油）。

■在調理盆下方墊一個裝冰水的大碗，以免攪拌時升溫。

巧克力甘納許

INGREDIENTS

牛奶巧克力 （VALRHONA JIVARA 40%）	25g
黑巧克力 （VALRHONA CARAIBE 66%）	25g
鮮奶油	45g

HOW TO MAKE

1. 將牛奶巧克力和黑巧克力加熱融化至50℃。
2. 分次加入加熱過的鮮奶油（80℃），充分攪拌後將溫度調至30℃再使用。

組裝＆裝飾

INGREDIENTS

巧克力糖漿

水	45g
糖	23g
可可粉	12g

巧克力球
可可豆
食用金箔

HOW TO MAKE

1. 在蛋糕轉盤中間放一片蛋糕片，表面刷巧克力糖漿，再抹上甘納許鮮奶油。
   - ■巧克力海綿蛋糕事先切成五片厚度1cm的蛋糕片。
   - ■將水、糖和可可粉放入鍋中煮到糖完全溶解，即完成巧克力糖漿，使用前再攪勻沉澱的可可粉即可。
2. 塗抹一層80g的奇異果香蕉醬。
3. 抹上甘納許鮮奶油。
4. 依序重複三次：放蛋糕片→刷巧克力糖漿→抹甘納許鮮奶油。
5. 再疊放一片蛋糕，刷上巧克力糖漿。
6. 用甘納許鮮奶油將整顆蛋糕抹面。
7. 從蛋糕上方中間倒入巧克力甘納許（30℃），一手轉動轉盤，另一手拿抹刀將巧克力甘納許推平，使其自然從側面流下。
8. 最後用甘納許鮮奶油擠花，以巧克力球、可可豆和食用金箔裝飾即完成。

JOYS_KITCHEN
CAKE

#26

MOCHA CRUMBLE CAKE

摩卡酥菠蘿蛋糕

這款蛋糕因為上層的綠色香草和底下的咖啡色酥菠蘿，又被稱為「花園蛋糕」，具有清爽的咖啡鮮奶油、濕潤的蛋糕體和胡桃的濃郁滋味。

一開始在課堂上，我們使用的是全蛋法，但在這本書中改為更柔軟的分蛋法，並加入咖啡酒糖液，添加更深沉的風味。咖啡無論怎麼使用都不會讓人失望，在甜點中扮演了「祕密武器」的角色。但相對來說，享用者感受到的質地、香氣或甜鹹平衡等細節如何拿捏，也更為重要。這款蛋糕便是在這些考量之下而誕生的進化版本。

這是一款具有濕潤蛋糕和香脆酥菠蘿對比的迷人蛋糕。
均勻撒在頂層的酥菠蘿，是這個蛋糕最美味的關鍵。

份量 *size*

直徑15cm、高度7cm
圓形蛋糕烤模1個

製作步驟 *process*

① 咖啡酥菠蘿

② 咖啡酒糖液

③ 咖啡海綿蛋糕＋切片

④ 烘焙咖啡酥菠蘿

⑤ 咖啡鮮奶油

⑥ 組裝＆裝飾

保存方式 *expiration date*

- 咖啡海綿蛋糕
  ：室溫2天、冷凍2週

- 咖啡酥菠蘿
  ：室溫1週
  ■未烘焙的酥菠蘿可密封冷凍2週。

- 咖啡酒糖液
  ：冷藏1週

- 咖啡鮮奶油
  ：冷藏5天

- 完成的蛋糕
  ：冷藏5天

咖啡酥菠蘿

INGREDIENTS

低筋麵粉	65g
黃糖	25g
鹽	少許
即溶咖啡粉	3g
無鹽奶油	35g
胡桃	30g

HOW TO MAKE

1. 在食物調理機中加入低筋麵粉、黃糖、鹽、即溶咖啡粉，均勻混合。
2. 加入無鹽奶油，打成粗粒狀。
3. 在烤盤上鋪烘焙紙，把麵團用手搓成鬆鬆的小團塊。
4. 將切成約0.5cm大小的胡桃，均勻撒在上面。
5. 放入預熱至170℃的烤箱，烘烤13分鐘，放涼後使用。

■使用烤過的胡桃也可以，但與其他材料一起烘烤，會讓整體更加充滿胡桃的香氣。

咖啡海綿蛋糕（分蛋法）

INGREDIENTS

蛋黃	65g
蛋白	120g
糖	85g
水	10g
即溶咖啡粉	3g
低筋麵粉	90g

HOW TO MAKE

1. 在調理盆中加入蛋黃，打發到滴落在表面時，痕跡清晰可見。
2. 在另一個調理盆中加入蛋白，先稍微攪拌至起泡。
3. 接著分次加入糖，打發至堅挺且光滑。
4. 事先混合水和即溶咖啡粉，加入步驟1中，攪拌均勻。
5. 再加入1/3的蛋白霜，攪拌均勻。
6. 加入過篩的低筋麵粉，攪拌均勻。
7. 最後加入剩餘的蛋白霜，攪拌均勻。
8. 將麵糊倒入鋪有烘焙紙的模具中，放入預熱至170℃的烤箱中，以160℃烘烤33-35分鐘。

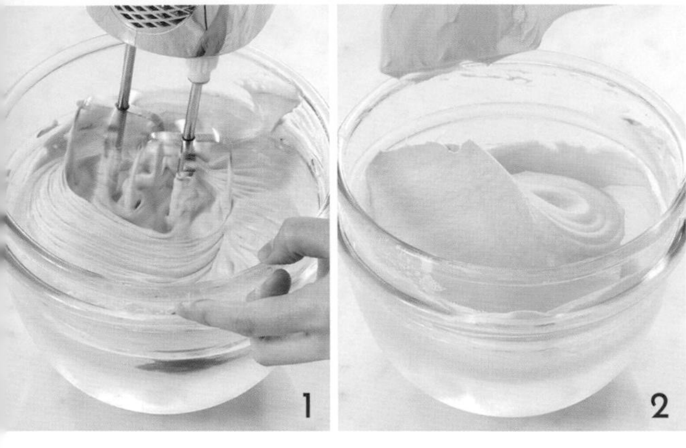

咖啡鮮奶油

鮮奶油	250g	即溶咖啡粉	3g
糖	25g	咖啡利口酒	5g
濃縮咖啡精	5g		

HOW TO MAKE

1. 在調理盆中加入所有材料並攪拌。
   - ■在調理盆下方墊一個裝冰水的大碗，以免攪拌時升溫。
2. 繼續攪拌，直到鮮奶油的質地變得平滑，但不會過度硬挺（約90%）後，放入裝有804號花嘴的擠花袋中。（夾層鮮奶油）

組裝＆裝飾

INGREDIENTS

咖啡酒糖液 –分量可製作2個蛋糕

水	150g
糖	73g
即溶咖啡粉	9g
咖啡利口酒	5g
無糖可可粉（VALRHONA）	5g

糖粉
香草

HOW TO MAKE

1. 在蛋糕轉盤中間放一片蛋糕片，表面刷咖啡酒糖液。
   - ■蛋糕事先切成三片1.5cm厚的蛋糕片。
   - ■將水、糖和即溶咖啡粉、可可粉加熱，煮至糖完全溶解後，加入咖啡利口酒拌勻，即完成咖啡糖漿，放置冷卻後使用。
2. 在蛋糕周邊圍繞高度9cm的圍邊紙，並用膠帶固定。
   - ■此款蛋糕的鮮奶油較少，圍邊紙須固定得緊一點。
3. 將咖啡鮮奶油從內往外，一圈圈擠在蛋糕片上。
4. 依序重複兩次：放蛋糕片→刷咖啡酒糖液→擠咖啡鮮奶油，再用抹刀將最上層的咖啡鮮奶油整平。
5. 均勻撒滿咖啡酥菠蘿，然後撒上糖粉。
6. 最後用香草裝飾即完成。

GORGONZOLA CAKE

義大利藍紋乳酪蛋糕

藍紋乳酪（Gorgonzola）是一種風味獨特的濃郁乳酪，由於太過特殊，人們對它的好惡也非常明顯。但如果巧妙平衡使用，藍紋乳酪可以賦予食物令人驚嘆的風味，同時也適合製作絲滑的鮮奶油質地。我以前在餐廳工作時嚐過藍紋乳酪醬，柔和的香氣和風味，至今記憶仍然清晰。我希望能將當時的感覺表現在這款蛋糕中。這個蛋糕的風味成熟，很適合搭配葡萄酒，在年末節慶時與朋友共享。

這是一款融合了三種水果魅力的秋季蛋糕，
蘋果帶來清新的口感，無花果提供愉悅的甜味，
西洋梨則將複雜的香氣和味道收斂得乾淨俐落。
選用藍紋乳酪時，溫和不強烈的風味會更好融入鮮奶油中。
這款蛋糕多層次的感官享受，非常適合搭配辛口葡萄酒享用，

份量 *size*

直徑15cm、高度7cm
圓形蛋糕1個

製作步驟 *process*

① 處理水果、煮白酒燉蘋果

② 藍紋乳酪卡士達醬

③ 部分分蛋法海綿蛋糕＋切片

④ 藍紋乳酪鮮奶油

⑤ 櫻桃利口酒鮮奶油

⑥ 組裝＆裝飾

保存方式 *expiration date*

- 部分分蛋法海綿蛋糕
  ：室溫2天、冷凍2週
  ■冷凍前切成所需尺寸，並用保鮮膜一片片包好。

- 白酒燉蘋果
  ：冷藏2週
  ■剩下的西洋梨罐頭可與糖漿一同冷藏1個月或冷凍2個月。

- 藍紋乳酪卡士達醬
  ：冷藏2天

- 藍紋乳酪鮮奶油
  ：冷藏5天

- 櫻桃利口酒鮮奶油
  ：冷藏5天

- 完成的蛋糕
  ：冷藏5天

1

2

處理水果

INGREDIENTS

西洋梨（罐頭）	60g
無花果乾	20g

HOW TO MAKE

1. 西洋梨從罐頭中取出，瀝乾多餘水分後，切成1cm的小丁。
2. 無花果乾在熱水中浸泡5-20分鐘再擦乾，切成1cm的小丁。

1

2

3

白酒燉蘋果 –分量可製作4個蛋糕

INGREDIENTS

蘋果	1顆
白葡萄酒	25g
糖A	50g
糖B	30g

HOW TO MAKE

1. 將蘋果去皮和籽，切成薄片，與白葡萄酒和糖A一起放入鍋中煮沸。
2. 接著加入糖B，一邊加熱一邊攪拌，直到水分完全蒸發，關火。
3. 徹底冷卻後，取35g備用。

藍紋乳酪鮮奶油

INGREDIENTS

牛奶	110g
蛋黃	38g
糖	25g
玉米澱粉	10g
藍紋乳酪	15g
奶油乳酪（kiri）	15g
櫻桃利口酒	5g
鮮奶油	150g

HOW TO MAKE

1. 在鍋中加入牛奶、蛋黃、事先混合好的糖和玉米澱粉，用中小火加熱。
2. 加熱到稍微沸騰時，加入藍紋乳酪和奶油乳酪。
3. 繼續加熱直到奶油變稠，再變得光滑。
4. 過濾後即完成藍紋乳酪卡士達醬。用保鮮膜密封，放置冰箱待完全冷卻。
   ■請勿使用有蛋黃殘留的打蛋器來處理已完成的卡士達醬。
5. 冷卻後攪拌至光滑，再加入櫻桃利口酒並混合均勻。
6. 另取一調理盆加入鮮奶油，打發至堅挺狀態。
   ■在調理盆下方墊一個裝冰水的大碗，以免攪拌時升溫。
7. 將打發鮮奶油分次加入步驟5中，攪拌均勻。
8. 完成後的鮮奶油呈現堅挺的狀態（約85%），再填入裝有804號花嘴的擠花袋中。（夾層鮮奶油、裝飾鮮奶油）

海綿蛋糕（部分分蛋法）

INGREDIENTS

蛋白	115g
糖	74g
蛋黃	45g
低筋麵粉	72g
糖粉	適量

HOW TO MAKE

1. 在調理盆中加入蛋白，用手持攪拌器稍微攪拌。
2. 分次加入糖，持續打發。
3. 打發至堅挺且光滑的狀態。
4. 在蛋黃中加入些許的蛋白霜，稍微攪拌均勻。
5. 接著再加入剩餘的蛋白霜中，迅速且輕柔地由底部向上翻拌均勻。
6. 將過篩的麵粉分兩次加入拌勻，直到沒有麵粉顆粒，然後填入裝有804號花嘴的擠花袋中。
7. 在烘焙紙上由內往外擠出直徑約15cm的圓形，共四個。
8. 均勻撒上糖粉，放入預熱至170℃的烤箱中，烘烤10～12分鐘。

■為確保每片蛋糕的大小一致，利用直徑15cm的慕斯圈切割烤好的蛋糕片。

櫻桃利口酒鮮奶油

INGREDIENTS

鮮奶油	220g
糖	22g
櫻桃利口酒 （Dijon KIRSCH）	6g

HOW TO MAKE

1. 在調理盆中加入所有材料，用手持攪拌器開始攪拌。

   ■在調理盆下方墊一個裝冰水的大碗，以免攪拌時升溫。

2. 將鮮奶油打發至柔軟狀態（80%），取出約一半的量。（抹面鮮奶油）
3. 再將另一半鮮奶油打發到更堅挺的程度。（夾層鮮奶油）

組裝＆裝飾

INGREDIENTS

無花果乾
切成圓形的蘋果皮
香草

HOW TO MAKE

1. 在蛋糕轉盤中間放一片蛋糕。
2. 擠上藍紋乳酪鮮奶油。
   ■為防止水果從側面溢出，請在邊緣再擠一層鮮奶油。
3. 擺放處理好的西洋梨、無花果乾和白酒燉蘋果。
4. 用抹刀將水果輕輕往下壓，並稍微整理鮮奶油。
5. 放上第二片蛋糕。
6. 塗抹櫻桃利口酒鮮奶油。
7. 放上第三片蛋糕。
8. 擠上藍紋乳酪鮮奶油。
   ■為防止水果從側面溢出，請在邊緣再擠一層鮮奶油。

HOW TO MAKE

9. 擺放處理好的西洋梨、無花果乾和白酒燉蘋果。
10. 再用抹刀輕輕往下壓，並整理鮮奶油。
11. 放上第四片蛋糕。
12. 用櫻桃利口酒鮮奶油將整顆蛋糕抹面。
13. 在蛋糕頂部擠一層藍紋乳酪鮮奶油。
14. 轉動轉盤，用抹刀將鮮奶油抹平。
15. 將抹刀前端輕抵在鮮奶油上，一邊轉動轉盤，由往外往內一圈圈劃出紋路，並整理蛋糕的側面。
16. 最後用切半的無花果乾、切成圓形的蘋果皮和食用香草裝飾即完成。

#28

FIG FRAISIER

無花果芙蓮蛋糕

這個蛋糕原本是藍紋乳酪蛋糕（P.263）課程的加碼內容，有著令人垂涎的外觀和美味，在這本書中，我稍微提升了它，以新的搭配方式呈現。卡芒貝爾外交官鮮奶油能夠輕柔展現卡芒貝爾乳酪的淡雅風味，細緻包裹著無花果的濕潤，並帶有清新的甜味，最後以利口酒的香氣清爽收尾。這款蛋糕深受學生和顧客的喜愛，每次上課和銷售時都得到無數讚嘆。不僅如此，這款蛋糕也是送給感激之人的絕佳禮物。

通常在製作無花果蛋糕時，會使用紅皮無花果，
不過這個蛋糕使用紅皮或綠皮無花果都可以（根據個人口味）。
櫻桃利口酒會隨著陳年而變得更加濃烈，
製作時也可以根據自己的口味調整使用量。

份量 *size*

直徑18cm、高度7cm
圓形蛋糕1個

製作步驟 *process*

① 無花果醬

② 處理無花果

③ 卡士達醬

④ 卡芒貝爾外交官鮮奶油

⑤ 櫻桃利口酒鮮奶油

⑥ 組裝＆裝飾

保存方式 *expiration date*

- 海綿蛋糕
  ：室溫2天、冷凍2週
  ■冷凍前切成所需尺寸，並用保鮮膜一片片包好。

- 卡士達醬
  ：冷藏2天

- 卡芒貝爾外交官鮮奶油
  ：冷藏5天

- 櫻桃利口酒鮮奶油
  ：冷藏5天

- 完成的蛋糕
  ：冷藏3天
  ■無花果容易變質，請盡快食用。

卡芒貝爾外交官鮮奶油

INGREDIENTS

牛奶	110g
蛋黃	38g
糖	25g
玉米澱粉	10g
奶油乳酪	15g
卡芒貝爾乳酪	30g
櫻桃利口酒	5g
無花果醬	30g
鮮奶油	150g

HOW TO MAKE

1. 在鍋中加入牛奶、蛋黃、事先混合的糖和玉米澱粉，用中小火加熱。
2. 開始沸騰後，加入奶油乳酪和卡芒貝爾乳酪。
   ■不要使用卡芒貝爾乳酪邊緣的硬塊部分。
3. 繼續加熱到整體濃稠、變光滑。
4. 將完成的卡士達醬過篩，用保鮮膜緊密貼附表面後冷藏，直到完全冷卻。
   ■不要使用沾有蛋黃的打蛋器去處理完成的卡士達醬。
5. 冷卻的卡士達醬軟化後，加入櫻桃利口酒混合。
6. 將鮮奶油放入另一個調理盆中，以手持攪拌器打發至堅挺的狀態。
   ■在調理盆下方墊一個裝冰水的大碗，以免攪拌時升溫。
7. 分兩三次加入步驟5，混合均勻。
8. 加入無花果醬混勻後，裝入擠花袋中備用。（夾層鮮奶油）
   ■將無花果乾浸泡在熱水中泡軟，再以食物調理機打成無花果醬。

櫻桃利口酒鮮奶油

INGREDIENTS

鮮奶油	110g
糖	11g
櫻桃利口酒	3g

HOW TO MAKE

1. 在調理盆中加入所有材料，用手持攪拌器開始攪拌。

   ■在調理盆下方墊一個裝冰水的大碗，以免攪拌時升溫。

2. 將鮮奶油打發至柔軟狀態（80%）（抹面鮮奶油），取出少量鮮奶油，繼續打發到硬挺（90%），然後放入裝有806號花嘴的擠花袋中，冷藏保存（裝飾鮮奶油）。

海綿蛋糕（作法參考P.268）

INGREDIENTS

蛋白	115g
糖	74g
蛋黃	45g
低筋麵粉	72g
糖粉	適量

HOW TO MAKE

1. 按照第268頁的方法製作蛋糕麵糊，然後裝進擠花袋中，使用806號花嘴，擠出直徑約18cm的圓形，共2片。
2. 撒上糖粉，放入預熱至170℃的烤箱中烤約10～12分鐘。
3. 烤好的蛋糕片放涼後，用直徑18cm的慕斯圈切成圓片。

組裝＆裝飾

INGREDIENTS

無花果
香草
食用金箔

HOW TO MAKE

1. 在蛋糕轉盤中間放一片蛋糕。
2. 薄塗一層卡芒貝爾外交官鮮奶油。
3. 將裝有卡芒貝爾外交官鮮奶油的擠花袋剪出一個斜口。
   ■斜口會更容易在無花果之間擠鮮奶油。
4. 在蛋糕周圍圍繞高度7cm的圍邊紙，並用膠帶固定後，再套上直徑18cm的慕斯圈。
5. 把切半的無花果切面朝外，一個個緊貼在蛋糕邊緣。
   ■把無花果的頭尾切掉，固定切成4cm長度之後，切成兩半使用。
6. 在無花果之間填入卡芒貝爾外交官鮮奶油，固定無花果。
7. 在中間的蛋糕上擠一層鮮奶油。
8. 用切塊的無花果插入鮮奶油中，填滿中間空隙。

HOW TO MAKE

9. 從無花果間的空隙，擠入卡芒貝爾外交官鮮奶油。

10. 用抹刀將鮮奶油抹平。

11. 再放上另一片蛋糕。

12. 塗抹一層櫻桃利口酒鮮奶油，並用抹刀將鮮奶油抹平至與圍邊紙的高度相符。

13. 在蛋糕頂部用櫻桃利口酒鮮奶油擠出裝飾用的圓條。

14. 再用抹刀整理蛋糕邊緣。

15. 最後用無花果、香草和食用金箔裝飾即完成。

#29

CUCUMBER & MELON CAKE

小黃瓜哈密瓜蛋糕

長期以來，我躍躍欲試的食材之一就是「小黃瓜」。當我提到要製作小黃瓜蛋糕時，學生們臉上都露出困惑的表情。事實上，小黃瓜運用在甜點，尤其是鮮奶油蛋糕中，的確相當難以處理。許多人不喜歡小黃瓜的味道，即便成品再好，也難以消弭對它的反感。不過，這一次我大膽製作了專屬小黃瓜愛好者的蛋糕，對於成果非常滿意！希望喜歡或不喜歡小黃瓜的人都可以嘗試看看，感受小黃瓜、薄荷、鮮奶油、紅酒醋和哈密瓜之間的巧妙平衡。

這款蛋糕以希臘小黃瓜沙拉為靈感，調入酸奶油和紅酒醋的酸味。
為了避免紅酒醋讓酸奶油過於濃稠，製作時留意不要過度攪拌。
請用心感受充滿層次的香氣和風味——
從芳香的小黃瓜果凍到酸香的鮮奶油，以及最後淡淡的哈密瓜甜味。

份量 *size*

寬11cm、長23cm、高7cm
長方形蛋糕1個

製作步驟 *process*

① 哈密瓜果凍

② 部分分蛋法海綿蛋糕＋切片

③ 酸奶鮮奶油

④ 組裝＆抹面

⑤ 小黃瓜果凍

⑥ 裝飾

保存方式 *expiration date*

- 部分分蛋法海綿蛋糕
  ：室溫1天、冷凍15天

- 哈密瓜果凍
  ：冷藏5天、冷凍2週

- 小黃瓜果凍
  ：冷藏5天
  ■不能冷凍。

- 酸奶鮮奶油
  ：冷藏5天

- 完成的蛋糕
  ：冷藏5天

哈密瓜果凍

INGREDIENTS

切碎的哈密瓜	70g
蜂蜜	40g
糖	10g
NH果膠	3g
吉利丁塊	24g
檸檬汁	8g
莫吉托風味糖漿	8g
切塊的哈密瓜	140g

HOW TO MAKE

1. 在鍋中加入切碎的哈密瓜和蜂蜜，加熱至40-50℃。
2. 加入預先混合的糖和NH果膠，加熱至85℃後熄火。
3. 冷卻至70℃以下，加入吉利丁塊溶解。
4. 加入檸檬汁和莫吉托風味糖漿，混合後冷卻。
5. 在11cm x 23cm的模具底部鋪保鮮膜，將切塊的哈密瓜均勻鋪在上面。
6. 倒入步驟4的果凍液。
7. 在冷凍庫中迅速冷卻凝固後，移至冷藏保存。

小黃瓜果凍

INGREDIENTS

切碎的小黃瓜	100g
鹽	2g
檸檬汁A	6g
檸檬汁B	15g
莫吉托風味糖漿	15g
吉利丁塊	10g

HOW TO MAKE

1. 將小黃瓜用刨刀刨碎備用。
2. 用手擠壓碎小黃瓜，分離果肉和汁液。
3. 在果肉中加入鹽和檸檬汁A，拌勻。
4. 從步驟3中取出25g，與30g的小黃瓜汁混合。
5. 加入檸檬汁B拌勻。
6. 在微熱的莫吉托風味糖漿中加入吉利丁塊，使其溶解。
7. 再把步驟6加入步驟5中拌勻。
8. 在調理盆下方墊一個裝冰水的大碗，讓溫度降至8-10℃後使用。

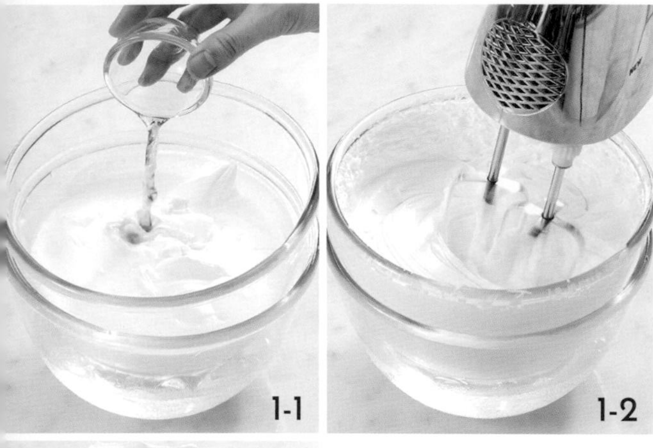
1-1 1-2

2

酸奶鮮奶油

INGREDIENTS

酸奶油	200g
紅酒醋	8g
鮮奶油	250g

HOW TO MAKE

1. 在調理盆中放入所有材料，用手持攪拌器打發。
   - ■在調理盆下方墊一個裝冰水的大碗，以免攪拌時升溫。
2. 打發到鮮奶油呈現不流動的硬挺狀態（90%）後，填入裝有806號花嘴的擠花袋中。（夾層鮮奶油）

1

2

組裝&裝飾

INGREDIENTS

海綿蛋糕（部分分蛋法）…P.268

香草

HOW TO MAKE

1. 按照第268頁的方法製作麵糊，然後裝進擠花袋中，用804號花嘴，在鋪有烘焙紙的烤盤上擠滿長條並烘烤。
   - ■想要更柔軟的口感，可以改用金桔薄荷乳酪蛋糕（P.239）的蛋糕體。
   - ■將海綿蛋糕切成兩片23×11cm的大小。
2. 在蛋糕轉盤中間放一片蛋糕後，表面薄塗一層酸奶鮮奶油。

HOW TO MAKE

3. 放上凝固的哈密瓜果凍。
4. 在蛋糕四邊圍上高度7cm的圍邊紙，並以膠帶固定。

■ 準備與蛋糕尺寸相合的圍邊紙，確保每個角落都確實包覆。

5. 擠一層酸奶鮮奶油。
6. 再放上一片蛋糕。
7. 塗抹一層酸奶鮮奶油，再以抹刀抹平。
8. 放入冷凍庫，讓蛋糕頂部稍微凝固。
9. 最後放上小黃瓜果凍後，用香草裝飾即完成。

Class 03

SOUFFLÉ

舒芙蕾法海綿蛋糕

#30 開心果柳橙蛋糕
#31 抹茶紅豆蛋糕
#32 柚子豆沙蛋糕
#33 馬斯卡彭純白蛋糕

SOUFFLÉ
舒芙蕾法海綿蛋糕

舒芙蕾法海綿蛋糕是Joy's Kitchen最受喜愛的品項之一，特色在於柔軟、濕潤且富有彈性的口感。

一般蛋糕是先混合澱粉和水分後，在烤箱受熱時進行糊化，形成蓬鬆口感。但舒芙蕾法則是在進入烤箱前，先藉由熱油燙熟麵粉阻斷筋性，透過提前糊化製造出特有的柔軟質地和彈性。同樣都是舒芙蕾法，隨著加熱方式、加熱溫度、形成的筋性，以及混合的蛋白霜，最終產生的蛋糕密度和彈性程度也有所不同，因此能夠製作出各式質地的蛋糕。

書中的食譜不是絕對的標準，僅是符合我個人追求的蛋糕質地配方和方法。但如果你也對Joy's Kitchen的舒芙蕾法海綿蛋糕感到好奇，只要按照書中示範一步步完成，就能感受我竭盡心力的自信之作！

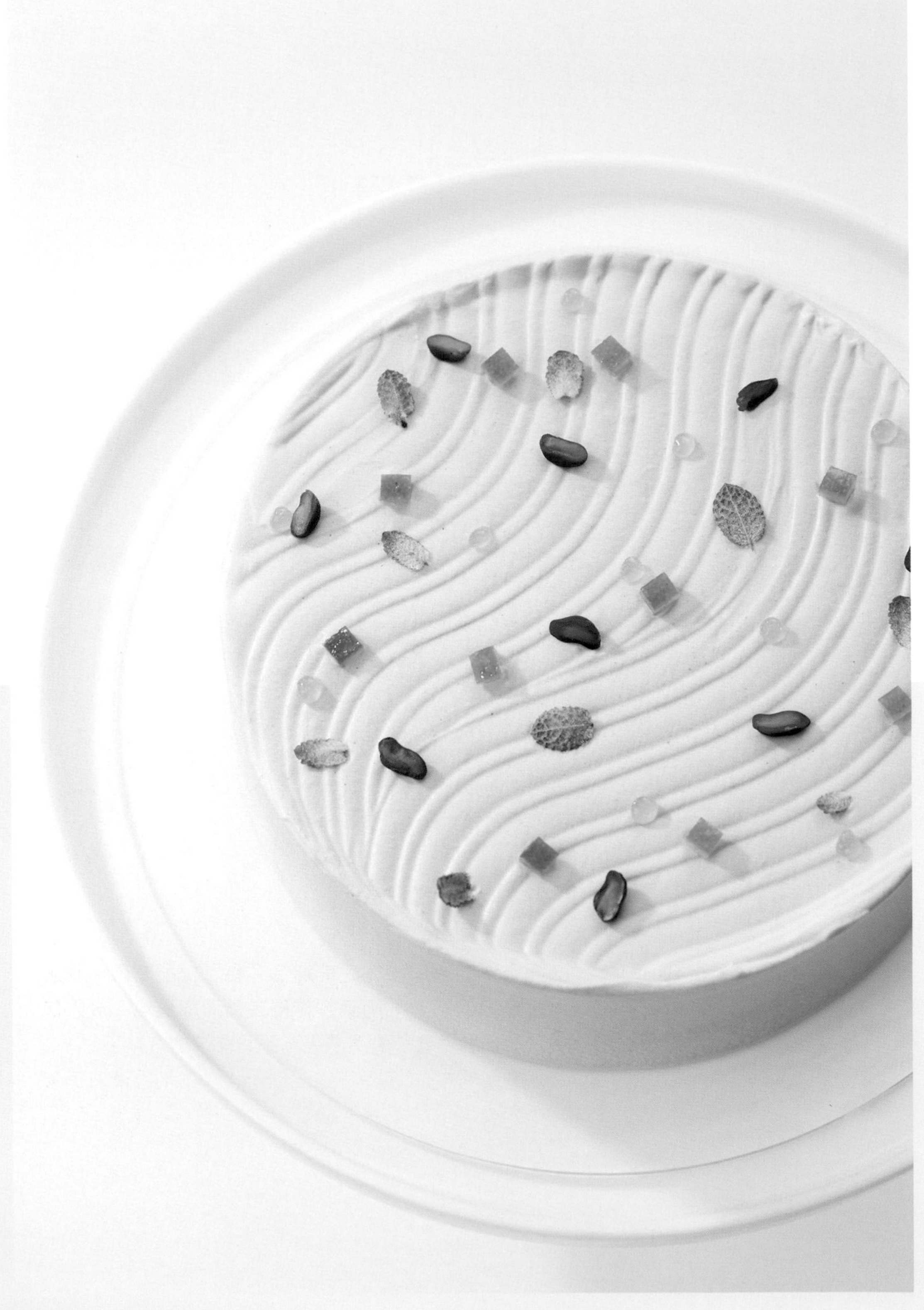

#30

PISTACHIO & ORANGE CAKE

開心果柳橙蛋糕

開心果柳橙蛋糕對我來說意義非凡，也是Joy's Kitchen的招牌蛋糕。開心果和柳橙的風味都很突出，一般來說，當這樣的兩種食材相遇時，味道和香氣很容易過於濃烈。然而在這款蛋糕中，它們提供的香氣和口感被賦予了不同的作用，整體上協調而美味。

將風味鮮明的柳橙製作成果醬後，特有的清新香氣與開心果的濃郁口感完美結合。為了搭配它們，我選用鮮奶油而不是牛奶來製作舒芙蕾海綿蛋糕。放入口中就融化的鬆軟，是這款蛋糕不可或缺的特點。

此外，柳橙果醬本身也很迷人，搭配以香草或紅茶為基底製成的蛋糕、司康都非常美味。期待各位能以不同的方式多加運用，找出自己最喜歡的吃法。

舒芙蕾法海綿蛋糕具有一入口就融化的迷人口感，
但這也意味著在製作時需要小心呵護，
在捲繞過程中如果太長時間接觸，蛋糕片容易裂開，
而圍邊紙如果黏得太緊，蛋糕也可能被壓皺變形，
請務必注意這些細節，一邊細心地操作。

份量 *size*

直徑18cm的圓形蛋糕1個

*蛋糕大小可能會依蛋糕體的膨脹狀態及捲繞的密度而不同。

製作步驟 *process*

① 柳橙果醬

② 舒芙蕾法海綿蛋糕

③ 柳橙鮮奶油

④ 捲蛋糕片 & 抹餡

⑤ 開心果鮮奶油

⑥ 抹面 & 裝飾

保存方式 *expiration date*

- 舒芙蕾法海綿蛋糕
  ：室溫1天、冷凍15天

- 柳橙果醬
  ：冷藏1年
  ■裝在密封容器中，防止腐敗。但實際保存期限，會因保存條件而異。

- 處理好的柳橙
  ：冷凍6個月

- 柳橙鮮奶油
  ：冷藏5天

- 開心果鮮奶油
  ：冷藏5天

- 完成的蛋糕
  ：冷藏5天

舒芙蕾法海綿蛋糕

INGREDIENTS

全蛋	28g
蛋黃	85g
糖A	27g
低筋麵粉	42g
高筋麵粉	16g
鮮奶油	68g
蛋白	160g
糖B	88g

HOW TO MAKE

1. 在調理盆中加入全蛋和蛋黃，用手持攪拌器攪拌均勻。
2. 加入糖A並打發。
3. 當泡沫變白時停止攪拌。
4. 加入過篩的低筋麵粉和高筋麵粉，攪拌至看不見粉末。
5. 加入溫熱的鮮奶油拌勻。
6. 在另一個調理盆中加入蛋白和糖B，用手持攪拌器打發。
7. 打發至堅挺的狀態。
8. 將蛋白霜加入步驟5中，輕輕拌勻。

9

10

11

HOW TO MAKE

9. 攪拌至麵糊光滑、尚具流動性的狀態。
10. 將麵糊倒入鋪有烘焙紙的烤盤中倒入麵糊，並用刮刀整平。

■一定要將麵糊均勻刮平，這樣烤好切開後的厚度才會一致。

11. 放入預熱至180℃的烤箱中，以170℃烤12-13分鐘。

柳橙果醬★

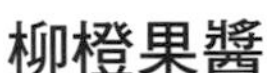

INGREDIENTS

糖	90g	柳橙利口酒	4g
水	32g		
處理好的柳橙	115g		
柳橙濃縮汁	7g		
香草莢	1/4枝		

HOW TO MAKE

處理柳橙的方法

①使用小蘇打徹底清洗柳橙皮。

②在鍋中放入柳橙和足夠的水，煮沸30分鐘，接著撈出冷卻。

③在冷凍庫中稍微凍結後，切成厚約0.2-0.3cm的薄片。

■處理好的柳橙片可以冷凍保存（製作成果醬後則密封冷藏）。

1. 在鍋中加入糖和水，加熱至118℃。
2. 加入處理好的柳橙片、柳橙濃縮汁、香草莢與籽，繼續加熱到水分蒸發、柳橙變得透明為止，即可離火。
3. 加入柳橙利口酒拌勻，放冷備用。

處理好的柳橙

1

2

3

柳橙鮮奶油

INGREDIENTS

鮮奶油	150g
糖	15g
柳橙果醬★	60g
柳橙濃縮汁	9g

HOW TO MAKE

1. 在調理盆中加入鮮奶油和糖，用低速攪拌到鮮奶油膨發柔軟（80%）。

   ■ 在調理盆下方墊一個裝冰水的大碗，以免攪拌時升溫。

2. 加入柳橙果醬和柳橙濃縮汁，並混合均勻（夾層鮮奶油）。

   ■ 先將柳橙果醬切碎，以便使用。

開心果鮮奶油

INGREDIENTS

鮮奶油	150g
糖	18g
開心果醬A （BABBI）	18g
開心果醬B （自製，參考P.64）	5g

HOW TO MAKE

1. 準備室溫狀態的兩種開心果醬。
2. 調理盆中加入所有材料，用低速攪拌。

   ■ 在調理盆下方墊一個裝冰水的大碗，以免攪拌時升溫。

   ■ 自製開心果醬的方法請參考第64頁。

3. 繼續攪拌，直到開心果醬均勻混合、無結塊。
4. 鮮奶油打發到稍微膨發且不太流動的狀態（85%）。（抹面鮮奶油）

組裝＆裝飾

糖漬橙皮丁	**柳橙晶球**
香草	鏡面果膠
	柳橙濃縮汁

HOW TO MAKE

1. 將烤好的海綿蛋糕分切成寬度為6cm的長方形後，如圖排列整齊，全部均勻塗抹柳橙鮮奶油。
2. 取一片蛋糕捲起，放在蛋糕轉盤中央，並用抹刀抹平頂部的鮮奶油。
3. 將其餘的蛋糕片依序連接在一起。
4. 使用抹刀抹平頂部的鮮奶油。
   ■將最後一片蛋糕邊斜切、使其變薄，在抹面後才會形成平整的圓形。
5. 用圍邊紙繞蛋糕一圈，並用膠帶固定。在抹面前，先將蛋糕冷藏一段時間，以便固定形狀。
6. 移除圍邊紙後，用開心果鮮奶油塗抹整顆蛋糕表面。
   ■此時蛋糕側面可以不用抹得很平整。
7. 用波浪三角刮板以S形劃過蛋糕頂部，製造波浪紋路。
8. 再用抹刀將蛋糕側面抹平整。
9. 用糖漬橙皮丁、香草和柳橙晶球裝飾。
   ■柳橙晶球是以鏡面果膠和柳橙濃縮汁混合後，放入擠花袋使用。根據所需的顏色，可自行調整鏡面果膠和柳橙濃縮汁的比例。
   ■可以用柳橙果醬替代糖漬橙皮丁裝飾。

#31

MATCHA & RED BEANS CAKE

抹茶紅豆蛋糕

這是Joy's Kitchen的第一個蛋糕，和開心果柳橙蛋糕並列最受歡迎的招牌。清爽的抹茶和香甜綿密的紅豆，兩者本身就是一款絕妙組合，可以製作成各種不同的甜點。這款蛋糕具有豐富的口感與風味，柔軟濃郁的紅豆鮮奶油以及香濃的馬斯卡彭鮮奶油，看似簡單卻蘊藏著特殊之處，餘韻長而不膩。

越簡單的蛋糕，越需要關注每個元素的細節，這款蛋糕的完美程度取決於蛋糕體。舒芙蕾法海綿蛋糕的質感，會根據製程或溫度的不同而變化，我的方式可能不是唯一，但卻是我試過最好的方法，也經過許多人驗證，即使初次接觸也可以放心嘗試。這是一款細膩的蛋糕，書中進行了詳細的解說，請耐心跟隨，根據自己的喜好調整運用。

紅豆鮮奶油的紅豆沙，直接購買市售品即可。
因為這款蛋糕本身的甜度並不高，
可以根據個人口味選擇市售紅豆沙來調整甜度。

份量 *size*

直徑18cm的圓形蛋糕1個

*蛋糕大小可能會依蛋糕體的膨脹狀態及捲繞的密度而不同。

製作步驟 *process*

① 舒芙蕾法海綿蛋糕

② 紅豆鮮奶油

③ 捲蛋糕片＆抹餡

④ 馬斯卡彭鮮奶油

⑤ 抹面＆裝飾

保存方式 *expiration date*

- 舒芙蕾法海綿蛋糕
  ：當日食用
  ■塗抹餡料並捲起後，可以冷藏2天。

- 紅豆鮮奶油
  ：冷藏5天

- 馬斯卡彭鮮奶油
  ：冷藏5天

- 完成後的蛋糕
  ：冷藏5天
  ■完成後可以立即品嘗或販售。雖然可以冷藏5天，但冰3天後口感就會變粗糙，建議儘早食用。

舒芙蕾法海綿蛋糕（燙麵法）

INGREDIENTS

無鹽奶油	54g
低筋麵粉	54g
高筋麵粉	18g
抹茶粉	10g
全蛋	95g
蛋黃	80g
牛奶	80g
蛋白	170g
糖	120g

HOW TO MAKE

1. 將奶油放入鍋中加熱。
2. 持續加熱，並確保奶油的溫度不超過100℃。
3. 奶油完全融化後立即關火，加入過篩的低筋麵粉、高筋麵粉和抹茶粉，用刮刀攪拌均勻，直到麵糊變得光滑。

   ■麵糊的顏色會隨著抹茶粉的品牌不同而有差異。
4. 當麵糊看起來均勻無顆粒即完成。
5. 分次加入全蛋和蛋黃，充分攪拌均勻。

   ■這個過程中若產生結塊，會留在蛋糕的成品中，因此加入含水材料之前，務必確認沒有結塊。
6. 加入牛奶攪拌均勻。
7. 另取一個調理盆加入冷藏的蛋白，稍微攪拌至起泡。
8. 接著分次加糖，開始打發。

   ■此配方蛋白霜的糖比例高、相對穩定，但也因為糖多，容易留下顆粒，務必注意。

1 2 3 4 5 6 7 8

HOW TO MAKE

9. 將蛋白打發至堅挺的狀態即可。
10. 將蛋白霜分次加入步驟6，輕輕拌勻。
11. 混合均勻後即完成。
12. 將麵糊倒入鋪有烘焙紙的烤盤中（約1/2高度），用刮刀整平表面後，放入預熱至170℃的烤箱中烤10-13分鐘。
    ■ 儘可能將麵糊整平，切開蛋糕時每層的厚度才會均勻。

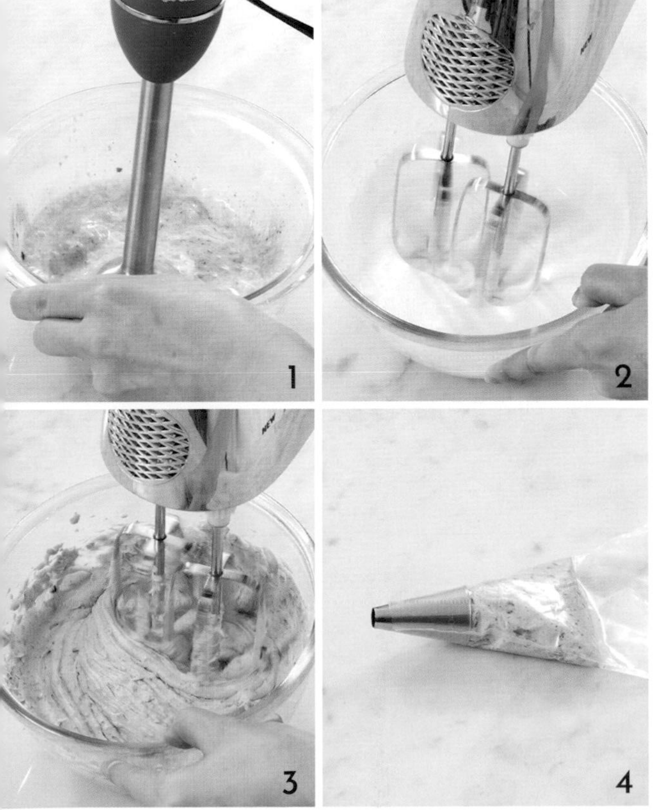

紅豆鮮奶油

紅豆沙	130g	鮮奶油B	70g
鮮奶油A	70g	糖	7g

HOW TO MAKE

1. 將紅豆沙和鮮奶油A放入調理盆中，用手持攪拌器攪拌均勻。
    ■ 在調理盆下方墊一個裝冰水的大碗，以免攪拌時升溫。
2. 在另一個調理盆中加入鮮奶油B和糖，攪拌成稀糊狀（60%）。
3. 將步驟1和2混合，以低速攪拌，直到翻起鮮奶油時，尖端成小尖角且不太流動（85%）。（夾層鮮奶油）
4. 取少許鮮奶油繼續打發至90%，放入裝有804號花嘴的擠花袋中，放進冰箱保存。（裝飾鮮奶油）

馬斯卡彭鮮奶油

INGREDIENTS

鮮奶油	170g
糖	17g
馬斯卡彭乳酪	20g

HOW TO MAKE

1. 在調理盆中放入所有材料，開始打發。
   ■在調理盆下方墊一個裝冰水的大碗，以免攪拌時升溫。
2. 在調理盆下方墊一個裝冰水的大碗繼續攪拌，直到鮮奶油膨發柔軟（80%）。（抹面鮮奶油）

組裝&裝飾

INGREDIENTS

羊羹
香草

HOW TO MAKE

1. 將烤好的海綿蛋糕分切成寬度為6cm的長方形後，如圖排列整齊，均勻塗抹紅豆鮮奶油。
2. 取一片蛋糕捲起，放在蛋糕轉盤中央。
3. 用抹刀抹平頂部的鮮奶油。
4. 將其餘的蛋糕片依序連接在一起。

HOW TO MAKE

5. 再用抹刀抹平頂部的鮮奶油。
   - ■將最後一片蛋糕的尾端斜切、使其變薄，抹面後才會形成平整的圓形。
6. 用圍邊紙繞蛋糕一圈，並用膠帶固定。
7. 為了讓形狀固定不鬆開，先將蛋糕冷藏一段時間，再進行抹面。
8. 移除圍邊紙後，用馬斯卡彭鮮奶油將整個蛋糕抹面。
9. 在蛋糕的頂部邊緣擠一圈紅豆鮮奶油。
   - ■如果紅豆鮮奶油圈擠得太裡面，蛋糕視覺上會變小，擠在外緣稍微向內的位置會比較剛好。
10. 在紅豆鮮奶油上擺放切小丁的羊羹和香草裝飾即完成。

#32

YUJA DANJA CAKE

柚子豆沙蛋糕

在韓國傳統糕點中，有一種以米粉製成的甜味包餡年糕，口感軟糯、口味多樣。因為我身邊有一位非常擅長製作年糕的朋友，所以很幸運的，我有許多機會品嘗到平常難以接觸的高級年糕。尤其是有一次嚐到柚子與紅豆的獨特口味，那香濃綿密的紅豆夾雜清香的柚子，再加上彈牙的年糕，令我印象極為深刻，希望能將這個滋味在蛋糕中還原。

本來我打算使用細緻的紅豆泥，但考慮到製作和保存，改用了白豆沙（嚴格的年糕大師們，請多多包涵）。這款蛋糕結合了柔軟的舒芙蕾法海綿蛋糕體、甜而香濃的白豆沙，以及柚子的香氣，形成一個恬淡而優雅的風味。

質地細緻的白豆沙，攪拌過久容易油水分離，初次操作時要特別留意。
在這個蛋糕中，也可以嘗試用紅豆沙代替白豆沙。
裝飾用的紅棗捲片雖然很小，卻是展現韓國傳統美食的亮點。

紅棗捲片製作方法

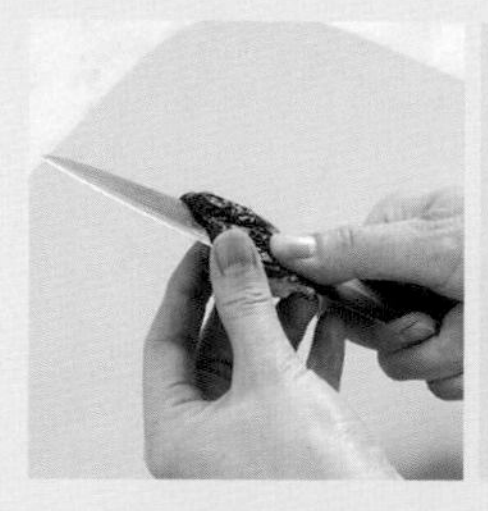

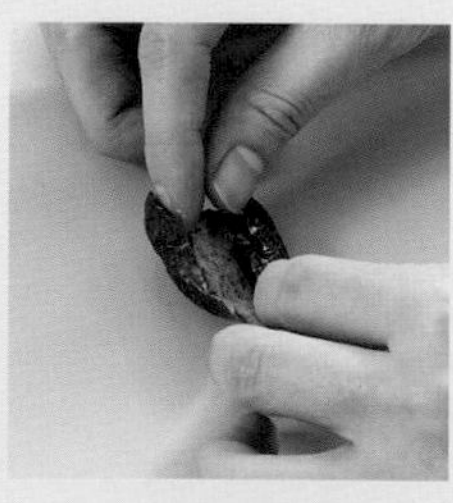

① 將紅棗清洗後去除水分。
② 用刀子沿著中間的籽劃一圈，切下果肉部分。
③ 將紅棗的果肉捲起來。
④ 切成所需的厚度即完成。

份量 *size*

直徑18cm的圓形蛋糕1個

*蛋糕大小可能會依蛋糕體的膨脹狀態及捲的密度而不同。

製作步驟 *process*

① 處理紅棗

② 處理栗子

③ 舒芙蕾法海綿蛋糕

④ 柚子豆沙鮮奶油

⑤ 捲蛋糕片＆抹餡

⑥ 馬斯卡彭鮮奶油

⑦ 抹面＆裝飾

保存方式 *expiration date*

- 舒芙蕾法海綿蛋糕
  ：室溫1天、冷凍15天
  ■塗抹餡料並捲起後，可以冷藏2天。
- 處理好的紅棗
  ：冷藏3個月
- 處理好的栗子
  ：冷藏1週
- 柚子豆沙鮮奶油
  ：冷藏5天
- 馬斯卡彭鮮奶油
  ：冷藏5天
- 完成的蛋糕
  ：冷藏5天

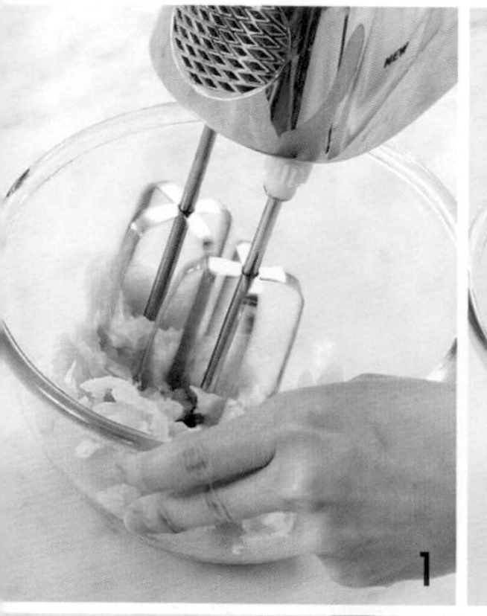

柚子豆沙鮮奶油

白豆沙	200g	鮮奶油	60g
奶油乳酪	50g	柚子果醬	60g

HOW TO MAKE

1. 在調理盆中放入白豆沙和奶油乳酪，攪拌至順滑。
   ■ 在調理盆下方墊一個裝冰水的大碗，以免攪拌時升溫。
2. 加入鮮奶油，持續攪拌至堅挺狀態。
3. 加入切碎的柚子果醬並攪拌均勻。（夾層鮮奶油）
   ■ 柚子醬需先切碎或用攪拌機打成細碎狀。

馬斯卡彭鮮奶油

馬斯卡彭乳酪	24g	檸檬利口酒	6g
糖	8g		
鮮奶油	120g		

HOW TO MAKE

1. 在調理盆中放入所有材料並打發。
   ■ 在調理盆下方墊一個裝冰水的大碗，以免攪拌時升溫。
2. 打發到85%，鮮奶油翻起時呈小尖角，且不太流動的狀態（抹面鮮奶油）。取少許填入裝有804號花嘴的擠花袋中，放進冰箱存放（裝飾鮮奶油）。

舒芙蕾法海綿蛋糕

1. 參照第296頁的作法，製作舒芙蕾海綿蛋糕。（製作方式相同，但這個食譜中使用牛奶代替鮮奶油，味道更清爽。）
2. 將切片後剩餘的蛋糕，以食物調理機磨細備用。

INGREDIENTS

全蛋	28g
蛋黃	85g
糖A	27g
低筋麵粉	42g
高筋麵粉	16g
牛奶	70g
蛋白	160g
糖B	88g

組裝＆裝飾

INGREDIENTS

處理好的栗子	60g
處理好的紅棗	適量

磨碎的舒芙蕾海綿蛋糕（P.312）
紅棗捲片（P.310）
烤南瓜籽

HOW TO MAKE

1. 將烤好的蛋糕分切成寬度為6cm的長方形後，如圖排列整齊，均勻抹上柚子豆沙鮮奶油。
2. 撒上處理過的栗子和紅棗，用抹刀輕輕按壓。
   ■紅棗的量可以依個人喜好增減。
3. 取一片蛋糕捲起，放在蛋糕轉盤中央。
4. 將其餘的蛋糕片依序連接在一起，然後用抹刀整平頂端的鮮奶油。
   ■將最後一片蛋糕的邊緣斜切、使其變薄，在抹面後才會形成平整的圓形。
5. 用圍邊紙圍繞蛋糕一圈，然後用膠帶固定。為了讓形狀固定不鬆開，先將蛋糕冷藏一段時間，再進行抹面。
6. 移除圍邊紙後，用馬斯卡彭鮮奶油將整個蛋糕抹面。
7. 在蛋糕上撒滿磨細的舒芙蕾海綿蛋糕。
   ■將切片後剩餘的蛋糕磨碎使用。
8. 以馬斯卡彭鮮奶油擠花後，放上紅棗捲片和烤南瓜籽裝飾即完成。

栗子和紅棗的處理方式

● 栗子

在鍋中倒水，放入去皮的栗子和些許鹽，將栗子完全煮熟，冷卻後切碎使用。也可以依喜好撒些肉桂粉。

● 紅棗

將水40g、黑糖20g、萊姆酒7g、切碎的紅棗放入碗中，浸泡至少3天，瀝乾後即可使用。

#33

PURE WHITE TORTE

馬斯卡彭純白蛋糕

這是一款清新優雅卻充滿魅力的純白色蛋糕，外觀和內在都令人驚嘆。正如我之前提到的，越是簡單的蛋糕，越需要在每個細節精準掌握質地和口感。這款蛋糕確實製作起來並不容易，從裡到外毫無遮掩之處，沒有特別突出或強烈的元素吸引注意力，因此，蛋糕體的質地和鮮奶油的狀態必須更完美呈現。但反過來說，只要能夠做出質地迷人的純白蛋糕，就等於奠定一個堅強的基礎，搭配任何配料或鮮奶油，都能表現出色。

這款純白蛋糕，以綿密而有彈性的蛋糕口感為亮點，
除了舒芙蕾法，也可以自由調整蛋糕體的種類和味道。
如果想要更紮實，可以使用海綿蛋糕做基底，
想要更加輕盈，就換成戚風蛋糕，
此外，還可以根據以下搭配進行多種變化。

① 純白蛋糕＋榛果巧克力醬（P.154）＋咖啡鮮奶油（P.260）
② 純白蛋糕＋柚子奶醬（P.186）
③ 純白蛋糕＋檸檬甘納許（P.72）

份量 *size*

直徑18cm的圓形蛋糕1個

*蛋糕大小可能會依蛋糕體的膨脹狀態及捲的密度而不同。

製作步驟 *process*

① 舒芙蕾法海綿蛋糕

② 馬斯卡彭鮮奶油

③ 捲蛋糕片＆抹餡

④ 抹面＆裝飾

保存方式 *expiration date*

- 舒芙蕾法海綿蛋糕
  ：當日食用
  ■塗抹餡料並捲起後，可以冷藏2天。

- 馬斯卡彭鮮奶油
  ：冷藏5天

- 完成的蛋糕
  ：冷藏5天

舒芙蕾法海綿蛋糕（燙麵法）

INGREDIENTS

無鹽奶油	39g
低筋麵粉	39g
高筋麵粉	14g
全蛋	82g
蛋黃	66g
牛奶	14g
蛋白	130g
糖	47g

HOW TO MAKE

1. 將奶油放入鍋中加熱，確保奶油的溫度不超過100℃。
2. 一旦奶油融化並開始微微沸騰，就從火源上移開。
3. 加入過篩的低筋麵粉和高筋麵粉，攪拌至麵糊光滑、沒有粉末。
4. 分次加入全蛋和蛋黃，均勻攪拌，直到無結塊、表面光滑。
5. 加入牛奶，繼續攪拌均勻。
6. 在另一個調理盆中加入蛋白和糖，打發至堅挺狀態。
7. 將步驟6的蛋白霜分次倒入步驟5的麵糊中，輕輕由底部往上翻拌均勻。

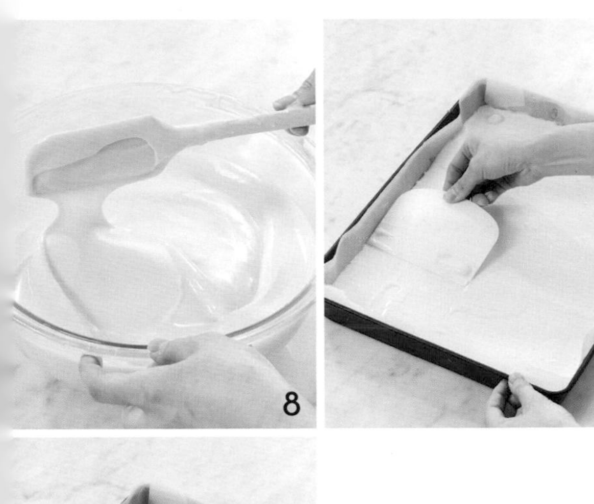

HOW TO MAKE

8. 攪拌到麵糊變得光滑且有光澤。
9. 將麵糊倒入鋪有烘焙紙的烤盤中（約1/2高度），並用刮刀整平表面。
   ■若要確保蛋糕切面的厚度均勻，務必將麵糊鋪平再烤。
10. 放入預熱至170℃的烤箱中，以160℃烘烤13分鐘。

馬斯卡彭鮮奶油

INGREDIENTS

馬斯卡彭乳酪	75g
糖	33g
鮮奶油	330g
牛奶利口酒	16g

HOW TO MAKE

1. 將馬斯卡彭乳酪、糖和部分鮮奶油放入調理盆中，攪拌至滑順。
   ■在調理盆下方墊一個裝冰水的大碗，以免攪拌時升溫。
2. 加入剩餘的鮮奶油和牛奶利口酒，打發至鮮奶油膨發柔軟（80%）。（夾層鮮奶油、抹面鮮奶油）
3. 取出100g，將其打發至稍微堅挺，然後分成兩份，分別放入裝有869K和806號花嘴的擠花袋中，冷藏保存。（裝飾鮮奶油）

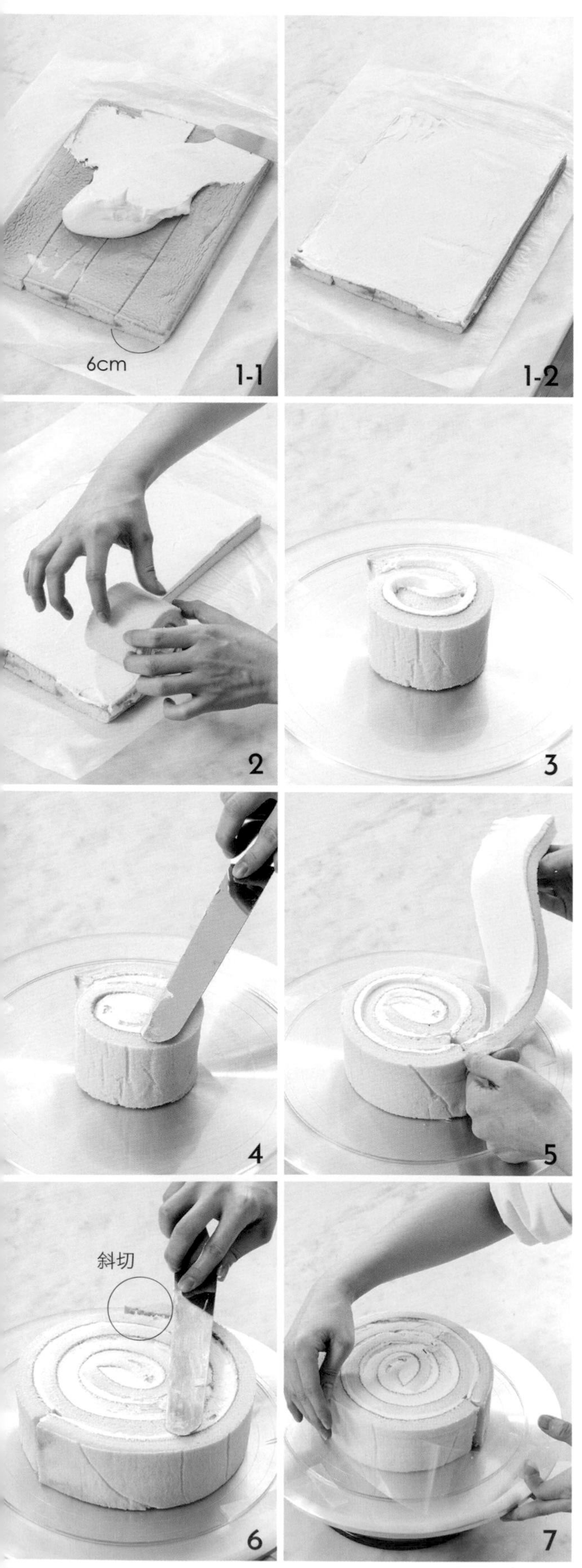

組裝＆裝飾

INGREDIENTS

香草
食用金箔

HOW TO MAKE

1. 將烤好的海綿蛋糕分切成寬度為6cm的長方形後，如圖排列整齊，均勻塗抹150g的馬斯卡彭鮮奶油。
2. 捲起其中一片蛋糕。
3. 放在蛋糕轉盤中央。
4. 用抹刀整平頂端的鮮奶油。
5. 將其餘的蛋糕片依序連接在一起。
6. 再用抹刀整理頂部的鮮奶油。
   ■將最後一片蛋糕的邊緣斜切、使其變薄，在抹面後才會形成平整的圓形。
7. 用圍邊紙繞蛋糕一圈，並用膠帶固定。

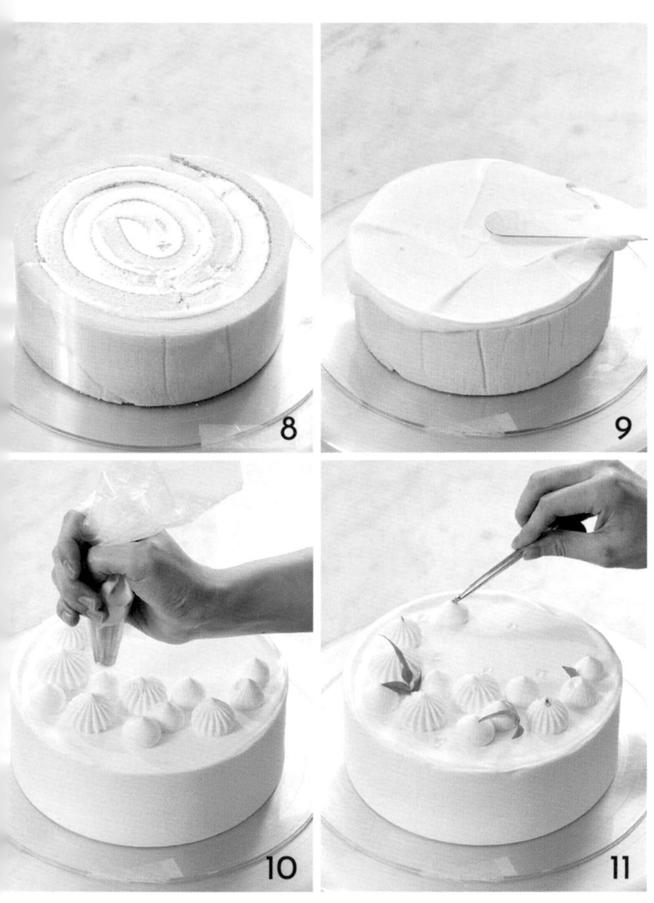

HOW TO MAKE

8. 為了讓形狀固定不鬆開，先將蛋糕冷藏一段時間，再進行抹面。
9. 移除圍邊紙後，用馬斯卡彭鮮奶油將整個蛋糕抹面。

■保留邊緣不規則凸起的形狀，不要抹平。

10. 在蛋糕上用馬斯卡彭鮮奶油擠花。
11. 最後用香草和食用金箔裝飾即完成。

Class 04

CHIFFON

戚風蛋糕

#34 薑糖鳳梨蛋糕
#35 柿子芒果蛋糕

CHIFFON
戚風蛋糕

戚風（Chiffon）的名稱源於法語中的「絲綢」，這種蛋糕以絲滑、柔軟且融化在口中的質地而聞名。然而，戚風使用植物油製作，且麵粉含量較低，導致結構較弱，所以需要使用中空的蛋糕模具，並借助膨脹劑（如泡打粉）的力量來完成膨脹。

本書中介紹的戚風不只採用了植物油的優點，也遵循了分蛋法的作法和配方。這種方式具有輕盈且柔軟的質地以及穩定的結構力，能夠做出味道美味且穩定的蛋糕。

使用無味無色的植物油製作的戚風蛋糕，即使沒有在出爐當天食用完畢，經過保存也不像含有奶油的蛋糕那樣會有明顯的口感差異，並且不受奶油質地或水分的影響。

當主材料的味道和香氣不夠濃烈時，搭配戚風蛋糕會更加合適，因為這種蛋糕體本身味道淡雅，不會搶過主材料的風味。

在此章節介紹的「薑糖鳳梨蛋糕」和「柿子芒果蛋糕」便是使用戚風為載體，來展現主材料的風味和香氣。戚風蛋糕的口味也可以替換成抹茶、紅茶、可可粉等，按照喜好自由應用。

JOYS_KITCHEN
CAKE

#34

GINGER & PINEAPPLE CAKE

薑糖鳳梨蛋糕

生薑因其特有的辛辣香氣，較少被使用在蛋糕中，但在此處，我將鳳梨的清新和生薑的爽口巧妙結合，不過度強調任一風味，反而營造出一種微妙而高雅的味道。在創作這個蛋糕時，我琢磨最多的地方就是如何捕捉生薑的香氣。我嘗試過在鮮奶油中浸泡生薑，然後以此製作優格鮮奶油，甚至嘗試過製作焦糖，但都很難表現出符合期待的生薑香氣。因此，為了將生薑的純淨香氣完美呈現，最後我選擇使用果醬的方式，將鳳梨果肉、帶有酸度的果汁與生薑相結合，效果超出預期。

正如我經常在課堂上強調，處理複雜的香氣時，增加甜度或質地的厚重感，可以讓氣味緩慢散發，形成幽微且淡雅的香氣。生薑也適用同樣的原則，併用生薑和薑糖漿，更能輕鬆掌握它的使用方式。生薑鳳梨果醬本身就非常美味，因此我盡量讓其他材料保持單純。這個食譜一年前就完成了，是我非常喜歡的一款蛋糕，推薦各位務必嘗試看看。

這個蛋糕中使用的茴香利口酒（Dijon ANISETTE），
一開始對我來說也是有點門檻的產品，但實際使用後，
我發現它散發出淡淡的茴香香氣，就像花香一樣迷人。
這款蛋糕結合了辛辣的生薑香氣、清新的鳳梨香氣，
再加上優雅的利口酒香氣，希望你也能感受到這個美妙的香氣平衡。

份量 *size*

直徑18cm的圓形蛋糕1個

*蛋糕大小可能會依戚風的膨脹狀態及捲的密度而不同。

製作步驟 *process*

① 生薑鳳梨果醬

② 戚風蛋糕

③ 茴香鮮奶油

④ 捲蛋糕片＆抹餡

⑤ 抹面＆裝飾

保存方式 *expiration date*

- 戚風蛋糕
  ：當天食用
  ■塗抹餡料並捲起後，可以冷藏2天。

- 生薑鳳梨果醬
  ：冷藏5天

- 茴香鮮奶油
  ：冷藏5天

- 完成的蛋糕
  ：冷藏5天

生薑鳳梨果醬

INGREDIENTS

鳳梨	320g
糖	90g
玉米糖漿	24g
香草莢	1/4枝
水	30g
生薑	20g
薑糖漿	20g
檸檬汁	10g
吉利丁塊	12g

HOW TO MAKE

1. 鍋中加入切成1cm小塊的鳳梨、糖、玉米糖漿、香草莢與籽、水和生薑，稍微靜置後，開火加熱。
   - ■若時間充足，混合靜置半天再加熱。
   - ■香草莢先用刀背刮出香草籽，將籽和莢一同放入鍋中。
2. 在加熱的過程中去除表層的浮沫。
3. 煮到濃稠收汁時，加入薑糖漿和檸檬汁，繼續加熱。
4. 煮到鳳梨變得透明且水分幾乎收乾後，關火。
5. 使用濾網過濾出糖漿和果肉，從過濾的果肉中取出130g（夾層用）。
   - ■去除香草莢和生薑。
6. 在過濾的糖漿中加入吉利丁塊並溶解。
7. 將剩餘的果肉和步驟6的糖漿混合（裝飾用）。

戚風蛋糕

INGREDIENTS

全蛋	55g
蛋黃	64g
牛奶	40g
植物油	30g
低筋麵粉	70g
蛋白	150g
糖	86g

HOW TO MAKE

1. 在調理盆中放入全蛋和蛋黃，用手持攪拌器攪拌。
2. 攪拌到蛋糊滴落時會稍微停留再慢慢消失的狀態，即可停止。
3. 加入牛奶和植物油，稍微攪拌均勻。
4. 加入過篩的低筋麵粉，拌勻至看不到麵粉顆粒。
5. 在另一個調理盆中放入蛋白，用手持攪拌器稍微攪拌。
6. 接著分次加入糖，打發至堅挺狀態。
7. 將蛋白霜分次加入步驟4的麵糊中，輕輕拌勻。
8. 將麵糊倒入鋪有烘焙紙的烤盤中（約1/2高度），並用刮刀整平表面。放入預熱至170℃的烤箱中，以160℃烘烤約13分鐘。

■務必將麵糊整平，才能確保蛋糕切面的厚度均勻。

茴香鮮奶油

INGREDIENTS

馬斯卡彭乳酪	50g
希臘優格	40g
糖	38g
鮮奶油	300g
茴香利口酒	12-15g

HOW TO MAKE

1. 在調理盆中加入馬斯卡彭乳酪、希臘優格和糖，用手持攪拌器拌勻。

   ■在調理盆下方墊一個裝冰水的大碗，避免攪拌時升溫影響打發。

2. 加入鮮奶油和茴香利口酒，持續打發。
3. 打發至80%，鮮奶油呈現膨發柔軟的狀態。（抹面鮮奶油）
4. 接著取出160g，繼續打發到90%，整體挺立但不過硬。（夾層鮮奶油）

組裝＆裝飾

香草

HOW TO MAKE

1. 將烤好的戚風蛋糕分切成寬度為6cm的長方形後，如圖排列整齊，塗抹160g的茴香鮮奶油 。
2. 均勻撒上130g的夾層用生薑鳳梨果醬，然後用抹刀輕輕按壓。
3. 將一片蛋糕捲起，放在蛋糕轉盤中央，並用抹刀整平頂部的鮮奶油。
4. 將剩餘的蛋糕片逐一連接，並用抹刀整理鮮奶油。
5. 用圍邊紙繞蛋糕一圈，並用膠帶固定。
6. 為了讓形狀固定不鬆開，在抹面前，先將蛋糕冷藏一段時間。

■ 將最後一片蛋糕的邊緣斜切、使其變薄，在抹面後才會形成平整的圓形。

7. 移除圍邊紙後，用茴香鮮奶油將整個蛋糕抹面。
8. 在蛋糕上鋪滿裝飾用生薑鳳梨果醬。
9. 最後以香草裝飾即完成。

PERSIMMON & MANGO CAKE

柿子芒果蛋糕

我非常喜愛柿子，除了直接吃，還喜歡將冷凍的柿子磨成泥，加入優格和蜂蜜一起享用。我想用蛋糕來表現柿子的魅力，因此設計了這款蛋糕。柿子本身吃起來香甜，但與鮮奶油或油脂混合時，味道和香氣會變得非常淡，所以我選擇保留柿子的原汁原味，並添加芒果作輔助，來平衡整體風味。製作時，使用新鮮芒果或冷凍芒果都可以，但最好保持一些纖維感，才能在咀嚼時增加樂趣，口感會像果凍一樣，也有點像剛熟的柿子。柿子是與秋天最合拍的食材之一，但在加入芒果後，這款蛋糕在全年都很適合享用喔。

使用像柿子這種味道和香氣較不強烈的主材料時，
各材料的配置比例非常重要。
盡量避免將柿子與其他材料過度混合或加熱，
才得以保留柿子本身的風味。

份量 *size*

直徑18cm的圓形蛋糕1個

*蛋糕大小可能會依戚風的膨脹狀態及捲的密度而不同。

製作步驟 *process*

① 柿子芒果醬

② 戚風蛋糕

③ 優格鮮奶油

④ 捲蛋糕片&抹餡

⑤ 柿子凍

⑥ 抹面&裝飾

保存方式 *expiration date*

- 戚風蛋糕
  ：室溫1天、冷凍2週
  ■塗抹餡料並捲起後，可以冷藏2天。
- 柿子芒果醬
  ：冷藏1個月
  ■裝入密封容器中，緊密包裝後儲存。
- 優格鮮奶油
  ：冷藏5天
- 柿子凍
  ：冷藏1個月
- 完成的蛋糕
  ：冷藏5天

柿子芒果醬

INGREDIENTS

冷凍柿子泥	100g
冷凍芒果丁	35g
檸檬汁	3g
水	10g
蜂蜜	15g
吉利丁塊	10g

HOW TO MAKE

1. 調理盆中放入冷凍柿子泥、冷凍芒果丁和檸檬汁，攪拌均勻。
2. 鍋中加入水和蜂蜜，加熱至60-70℃後關火。
3. 加入吉利丁塊並攪拌至完全融化。
4. 將步驟3加入步驟1中，攪拌均勻後放涼使用。

註：韓國有販售去皮的冷凍柿子，本配方便是以市售品打成泥，也可以自行把新鮮柿子冷凍後使用。

優格鮮奶油

INGREDIENTS

馬斯卡彭乳酪	30g
希臘優格	30g
糖	35g
鮮奶油	330g
柳橙利口酒	10g

HOW TO MAKE

1. 調理盆中加入所有材料，攪拌均勻。
   - ■在調理盆下方墊一個裝冰水的大碗，避免攪拌時升溫影響打發。
2. 打發至柔軟膨發（80%）後，先取出200g（抹面鮮奶油），剩下的繼續打發到挺立但不過硬的90%狀態（夾層鮮奶油），然後取出少量放入裝有804號花嘴的擠花袋中冷藏（裝飾鮮奶油）。

柿子凍

INGREDIENTS

鏡面果膠	40g
柿子果泥	20g
吉利丁塊	5g

HOW TO MAKE

1. 調理盆中放入鏡面果膠和柿子果泥，攪拌均勻。
2. 加入已溶解的吉利丁塊，攪拌均勻後裝入擠花袋中備用。

組裝&裝飾

INGREDIENTS

戚風蛋糕…P.331

芒果丁
食用花朵
香草
開心果碎

HOW TO MAKE

1. 將烤好的戚風蛋糕分切成寬度為6cm的長方形後，如圖排列整齊，並均勻塗抹柿子芒果醬。
2. 塗抹夾層用優格鮮奶油。
3. 將一片蛋糕捲起，放在蛋糕轉盤中央。
4. 將剩餘的蛋糕片逐一連接起來。

HOW TO MAKE

5. 使用抹刀整平蛋糕頂部的鮮奶油。

   ■將最後一片蛋糕邊緣斜切、使其變薄，在抹面後才會形成圓形。

6. 用圍邊紙繞蛋糕一圈，並用膠帶固定。

7. 將蛋糕冷藏一段時間，以固定形狀。

8. 移除圍邊紙後，用優格鮮奶油將整個蛋糕抹面。

9. 再以裝飾用優格鮮奶油，沿著蛋糕邊緣稍往內的地方，繞一圈。

10. 在繞出的圈中，擠入柿子凍。

    ■柿子凍應維持在20℃以下，避免因升溫而影響凝結狀態。

11. 使用抹刀整平表面。

12. 擺上芒果丁、食用花朵、香草和開心果碎，即完成裝飾。

Class 05

TIRAMISU

提拉米蘇

手指餅乾食譜

#36 經典提拉米蘇
#37 西瓜提拉米蘇
#38 水正果提拉米蘇

手指餅乾食譜

BISCUIT RECIPE

此章節中使用於提拉米蘇的蛋糕體（手指餅乾），與藍紋乳酪蛋糕和無花果芙蓮蛋糕的蛋糕體（分蛋法海綿蛋糕）相較，有著截然不同的口感。用於藍紋乳酪蛋糕的蛋糕體，是將打發的蛋白霜拌入蛋黃，再與麵粉混合成麵糊，具有濃厚的質地；而提拉米蘇的蛋糕體則是先將蛋黃和糖打發後，拌入蛋白霜，再與麵粉混合成麵糊，質地更輕盈鬆軟。由於提拉米蘇的鮮奶油通常吃起來較為清爽，因此選擇輕盈的蛋糕體來搭配會更加合適。

材料 *ingredients*

蛋黃	60g
糖A	20g
蛋白	120g
糖B	85g
低筋麵粉	90g

1

2

3

4

HOW TO MAKE

1. 調理盆中放入蛋黃和糖A，用手持攪拌器攪拌。
2. 持續攪拌到蛋糊呈現略稠的狀態，即停止攪拌。
3. 在另一個調理盆中放入蛋白，稍微攪拌。
4. 將糖B分次加入蛋白中，繼續打發。

5. 直到蛋白霜變得堅挺即完成。
6. 將蛋白霜加入步驟2的蛋糊中，用刮刀從底部往上輕輕翻拌。
7. 加入過篩的低筋麵粉，翻拌均勻，直到沒有麵粉顆粒。

8. 將麵糊放入裝有花嘴的擠花袋中，在鋪好烘焙紙的烤盤上，擠出長條狀。

   ■ 經典提拉米蘇使用804號花嘴，西瓜提拉米蘇和水正果提拉米蘇使用806號花嘴。

9. 在麵糊上均勻撒兩次糖粉。

   ■ 多出來的麵糊可以用來擠出心形、水滴形等裝飾。

10. 放入預熱至170-180℃的烤箱中，烘烤12分鐘，出爐冷卻後切成所需大小。

    ■ 如果要立即使用，烘烤12分鐘；如果是冷凍後使用，則烘烤13分鐘。

#36

CLASSIC TIRAMISU

經典提拉米蘇

我非常喜愛這個提拉米蘇的食譜，不是典型的鮮奶油蛋糕，卻保留了鮮奶油蛋糕的質感和平衡。在我心中，提拉米蘇的地位相當特別，因為這是我在餐廳工作時第一次製作的甜點（在繁忙的廚房中，其實無法問太多問題，獨自摸索甜點讓我成就今天的自己）。雖然濃郁的提拉米蘇也很美味，但也有想要一口氣吃下一整個蛋糕，最後再以一口咖啡收尾的時候，此時就需要像這款輕盈的提拉米蘇。此配方的鮮奶油，既輕盈又具有適中的甜度和柔滑口感，是一種可以自由添加喜愛口味的基礎鮮奶油。

這是一款質地輕盈、風味清爽的提拉米蘇，
適合搭配略帶酸味的濃縮咖啡。
此章節介紹的三種提拉米蘇中，都含有少量的英式蛋奶醬，
因此在靜置一段時間後，質地會逐漸發生變化，
建議在打發鮮奶油時，不要打發得過於硬挺。

份量 *size*

直徑7cm、高度6cm的
杯子6個

製作步驟 *process*

① 手指餅乾＋切片

② 提拉米蘇鮮奶油

③ 咖啡酒糖液

④ 組裝＆裝飾

保存方式 *expiration date*

- 手指餅乾
  ：室溫2天、冷凍2週

- 提拉米蘇鮮奶油
  ：冷藏5天

- 咖啡酒糖液
  ：冷藏5天

- 完成的蛋糕
  ：冷藏5天、冷凍2週
  ■冷凍保存時，不要撒可可粉。

1 2 3 4 5 6 7-1 7-2

提拉米蘇鮮奶油

INGREDIENTS

蛋黃	60g
糖A	30g
水	12g
馬斯卡彭乳酪	150g
鮮奶油	220g
糖B	50g

HOW TO MAKE

1. 調理盆中加入蛋黃和水，攪拌均勻。
2. 加入糖A，然後將調理盆放入熱水鍋中隔水加熱，同時不斷攪拌。
3. 當溫度達到75℃時，即可從熱水鍋中移開，靜置冷卻。
4. 從步驟3中取出30g，和馬斯卡彭乳酪一起攪拌至均勻光滑。
5. 在另一個調理盆中加入鮮奶油和糖B，用手持攪拌器打發。
   - ■在調理盆下方墊一個裝冰水的大碗，以免攪拌時升溫影響打發。
6. 打發至膨發柔軟的狀態（80%）。
   - ■如果是還不熟練的初學者，鮮奶油打至七分發（70%）即可，避免因打發過久而油水分離。
7. 將步驟6加入步驟4中，輕輕混合均勻，再裝入擠花袋中，冷藏備用。

組裝&裝飾

INGREDIENTS

手指餅乾…P.344

咖啡酒糖液

濃縮咖啡	180g
糖	10g
咖啡利口酒	15g

無糖可可粉
可可碎
香草

HOW TO MAKE

1. 在各個杯子中倒入5g的咖啡酒糖液。
   - ■將糖以熱濃縮咖啡拌溶，然後加入咖啡利口酒，冷卻後即為咖啡酒糖液。
   - ■如果覺得咖啡太濃，可以用美式咖啡替代1/3-1/2的濃縮咖啡。
2. 放入切成圓片的手指餅乾。
3. 刷一層咖啡酒糖液。
4. 擠上40g的提拉米蘇鮮奶油。
5. 將手指餅乾底部稍微沾附咖啡酒糖液，然後放入杯中。
6. 再刷一層咖啡酒糖液。
7. 再次擠上40g的提拉米蘇鮮奶油，然後輕敲杯子底部，使其表面變平整。
8. 用細篩網撒上可可粉，再以可可碎和香草裝飾即完成。
   - ■使用無糖可可粉。

1

2

3

4

5-1

5-2

6

7

8

JOYS_KITCHEN
CAKE

#37

WATERMELON TIRAMISU

西瓜提拉米蘇

夏天的代表性水果──西瓜，具有獨特的清新口感，可以搭配多種食材，但由於水分含量高，在甜點中難以自由運用。不過這裡介紹的西瓜提拉米蘇，是一款善用西瓜優勢的甜點，運用鮮奶油和糖漿增添味道和香氣，同時保留了西瓜本身的風味。希望各位能在西瓜最美味的夏季，盡情享受這道清涼的甜點。

與經典提拉米蘇、水正果提拉米蘇相比，
西瓜中的水分會迅速改變鮮奶油質地，
因此西瓜提拉米蘇的保存期限較短，建議儘快食用完畢。

份量 *size*

頂部直徑7.5cm、底部直徑5cm、高度7cm的
杯子6個

製作步驟 *process*

① 手指餅乾＋切片

② 西瓜草莓糖漿

③ 提拉米蘇鮮奶油

④ 組裝

⑤ 草莓粉紅酒凍

⑥ 裝飾

保存方式 *expiration date*

- 手指餅乾
  ：室溫2天、冷凍2週

- 提拉米蘇鮮奶油
  ：冷藏5天

- 草莓粉紅酒凍
  ：冷藏2天

- 西瓜草莓糖漿
  ：冷藏2天

- 完成的蛋糕
  ：冷藏5天

  ■西瓜的水分可能會影響鮮奶油的質地，建議2天內食用完畢。

提拉米蘇鮮奶油

INGREDIENTS

蛋黃	60g
糖	30g
水	15g
馬斯卡彭乳酪	60g
希臘優格	80g
檸檬汁	5g
鮮奶油	220g
糖	50g

HOW TO MAKE

1. 調理盆中加入蛋黃和水，放到熱水鍋中隔水加熱，攪拌均匀。
   ■使用小火加熱到80℃。
2. 加入糖並攪拌。
3. 當溫度達到75℃時，即可從熱水鍋中移開，靜置冷卻。
4. 從步驟3中取出30g，和馬斯卡彭乳酪、希臘優格、檸檬汁一起攪拌均勻。
   ■在調理盆下方墊一個裝冰水的大碗。
5. 在另一個調理盆中加入鮮奶油和糖，用手持攪拌器打發。
   ■在調理盆下方墊一個裝冰水的大碗，以免攪拌時升溫。
6. 打發至膨發柔軟的狀態（80%）。
   ■如果是還不熟練的初學者，鮮奶油打至七分發（70%）即可，避免因打發過久而油水分離。
7. 將步驟6加入步驟4中，輕輕混合均勻，再裝入擠花袋中，冷藏保存。

草莓粉紅酒凍

INGREDIENTS

粉紅酒	150g
草莓果泥	80g
糖	90g
檸檬汁	10g
吉利丁塊	24g

HOW TO MAKE

1. 在鍋中加入粉紅酒、草莓果泥和糖，一邊加熱一邊不斷攪拌。
2. 當開始沸騰時關火，加入檸檬汁並攪拌均勻。
3. 當溫度降至70℃以下時，加入吉利丁塊並溶解。
4. 倒入調理盆中，並在下方墊一碗冰水幫助冷卻，讓溫度降至7℃以下再使用。

西瓜草莓糖漿

INGREDIENTS

草莓果泥	30g
糖	30g
吉利丁塊	10g
切碎的西瓜果肉	30g

1. 在鍋中加入草莓果泥和糖，加熱到糖溶解後關火。當溫度降至70℃以下時，加入吉利丁塊並溶解。
2. 與切碎的西瓜果肉混合後冷卻。

組裝＆裝飾

INGREDIENTS

手指餅乾…P.344

挖成圓球的西瓜果肉
切成圓形的西瓜皮

HOW TO MAKE

1. 在各個杯子中倒入5g的西瓜糖漿。
2. 放入切成圓片的手指餅乾。
3. 塗抹西瓜草莓糖漿。
4. 擠上50g的提拉米蘇鮮奶油，放入冰箱冷藏至凝固。
5. 再倒入30g的草莓粉紅酒凍（7℃以下），冷藏至凝固。
6. 在上方堆疊挖成圓球的西瓜果肉。
7. 再放上切成圓形的西瓜皮裝飾即完成。

JOYS_KITCHEN
CAKE

#38

SUJEONGGWA TIRAMISU

水正果提拉米蘇

水正果是一種韓國傳統茶，帶有濃烈的薑味，我將水正果的組成元素加入提拉米蘇中，創作出獨特的韓式風味，我個人非常喜歡這款甜點。也許你會懷疑「水正果和提拉米蘇搭嗎？」但實際上如果仔細思考，水正果的原料也都是甜點經常使用的材料。要將少見的元素融入蛋糕時，我會特別著重於每種成分的平衡。而在這款甜點中，我盡量呈現出水正果的特有風味，同時保留了提拉米蘇的濃郁質感。只要吃一口，就會自然而然露出微笑。

為了呈現出理想的水正果風味和質感，
我同時使用了吉利丁和吉利T，作為果凍的凝固劑。
但由於這兩種凝固劑的反應溫度不同，溫度控制非常重要。
有關凝固劑的詳細說明請參考第20頁。

份量 *size*

頂部直徑8cm、底部直徑6cm、高度5cm的
杯子6個

製作步驟 *process*

① 手指餅乾＋切片

② 水正果糖漿＆果凍

③ 處理冷凍柿子、柿餅、無花果乾

④ 肉桂提拉米蘇鮮奶油

⑤ 組裝＆裝飾

保存方式 *expiration date*

- 手指餅乾
  ：室溫2天、冷凍2週
- 肉桂提拉米蘇鮮奶油
  ：冷藏5天
- 水正果果凍
  ：冷藏10天、冷凍1個月
- 水正果糖漿
  ：冷藏2天
- 完成的蛋糕
  ：冷藏5天

肉桂提拉米蘇鮮奶油

蛋黃	60g	鮮奶油	220g
水	12g	糖	50g
糖	30g	肉桂粉	1-2g
馬斯卡彭乳酪	150g		

HOW TO MAKE

1. 在調理盆中加入蛋黃和水，放到熱水鍋中隔水加熱，攪拌均勻。
2. 加入糖並攪拌。
3. 當溫度達到75℃時，即可從熱水鍋中移開，靜置冷卻。
4. 從步驟3中取出30g，和馬斯卡彭乳酪一起攪拌均勻。
   ■在調理盆下方墊一個裝冰水的大碗。
5. 在另一個調理盆中加入鮮奶油和糖，用手持攪拌器打發。
   ■在調理盆下方墊一個裝冰水的大碗，以免攪拌時升溫。
6. 打發至膨發柔軟的狀態（80%）。
   ■如果是還不熟練的初學者，鮮奶油打至七分發（70%）即可，避免因不小心打發過久而油水分離。
7. 將步驟6的打發鮮奶油和肉桂粉分次加入步驟4中，輕輕混合均勻。
8. 裝入擠花袋中，冷藏保存。

水正果糖漿&水正果凍

INGREDIENTS

水	200g
紅糖	80g
蜂蜜	20g
香草莢	1/3枝
肉桂棒	20g
生薑	15g
糖	5g
吉利T	0.9g
吉利丁塊	20g

HOW TO MAKE

1. 製作水正果糖漿：將水、紅糖、蜂蜜、香草莢、肉桂棒、生薑放入鍋中，一邊加熱一邊攪拌。
2. 煮滾時關火，充分冷卻以使味道浸透，然後過濾，即完成水正果糖漿。

■完成的水正果糖漿要冷卻後使用。

3. 製作水正果凍：將約200g的水正果糖漿放入鍋中，重新加熱至40-50℃。
4. 加入糖與吉利T，攪拌均勻，並加熱至80℃即可關火。
5. 冷卻至70℃以下，再加入吉利丁塊溶解，即完成水正果凍。
6. 將水正果凍冷卻至7℃以下再使用。

■即使有些麻煩，仍要精確控制溫度，才能夠順利凝固。

組裝 & 裝飾

INGREDIENTS

手指餅乾…P.344

冷凍柿子	120g
蜂蜜	10g

柿餅
無花果乾
松子

HOW TO MAKE

1. 在各個杯子中倒入5g的水正果糖漿。
2. 放入切成圓片的手指餅乾。
3. 刷一層水正果糖漿。
4. 將冷凍柿子和蜂蜜用攪拌機拌勻後，每杯放入18g。
5. 加入50g的肉桂提拉米蘇鮮奶油後，放進冰箱冷卻。
6. 擺放處理好的柿餅和無花果乾。
   - ■柿餅切成0.5cm的小塊。
   - ■無花果乾先以熱水浸泡，然後去除多餘水分，再切成0.5cm的小塊。
7. 加入30g的水正果凍（低於7℃）。
8. 最後以松子裝飾即完成。

註：韓國有販售去皮的冷凍柿子，本配方便是以市售品製成，若買不到，可自行把新鮮柿子冷凍後使用。

台灣廣廈 國際出版集團
Taiwan Mansion International Group

國家圖書館出版品預行編目（CIP）資料

唯美韓系鮮奶油蛋糕解構全書：鬆軟蛋糕體×風味夾層×質感抹面×擠花裝飾，JOY'S KITCHEN的38款名店訂製款配方 / 趙恩伊著；陳靖婷譯. -- 初版. -- 新北市：台灣廣廈, 2024.03
368面；19×26公分.
ISBN 978-986-130-613-1(平裝)
1.CST: 點心食譜

427.16　　113001313

唯美韓系鮮奶油蛋糕解構全書

鬆軟蛋糕體×風味夾層×質感抹面×擠花裝飾，
JOY'S KITCHEN的38款名店訂製款配方

作　　者／趙恩伊
譯　　者／陳靖婷
編輯中心執行副總編／蔡沐晨
封面設計／曾詩涵・**內頁排版**／菩薩蠻數位文化有限公司
製版・印刷・裝訂／東豪・弼聖・秉成

行企研發中心總監／陳冠蒨
媒體公關組／陳柔彣
綜合業務組／何欣穎
線上學習中心總監／陳冠蒨
產品企製組／顏佑婷、江季珊、張哲剛

發 行 人／江媛珍
法 律 顧 問／第一國際法律事務所 余淑杏律師・北辰著作權事務所 蕭雄淋律師
出　　版／台灣廣廈
發　　行／台灣廣廈有聲圖書有限公司
地址：新北市235中和區中山路二段359巷7號2樓
電話：（886）2-2225-5777・傳真：（886）2-2225-8052

代理印務・全球總經銷／知遠文化事業有限公司
地址：新北市222深坑區北深路三段155巷25號5樓
電話：（886）2-2664-8800・傳真：（886）2-2664-8801
郵 政 劃 撥／劃撥帳號：18836722
劃撥戶名：知遠文化事業有限公司（※單次購書金額未達1000元，請另付70元郵資。）

■出版日期：2024年03月
ISBN：978-986-130-613-1